따라만해도 성공 보장
20가지 인테리어 법칙

돈이 없어도 똥손도 내집이 아니어도 OK

따라만해도 성공 보장 20가지 인테리어 법칙

아라이 시마 지음
박승희 옮김

지금 갖고 있는 물건만으로
따라만 하면 되는
세상 쉬운
인테리어 불변의 법칙!

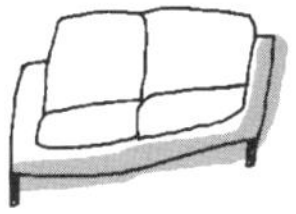
소파

서랍장

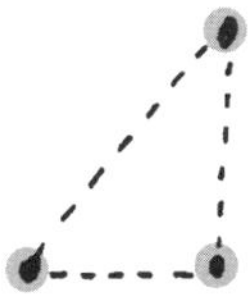
삼각형

화분

테이블

바구니

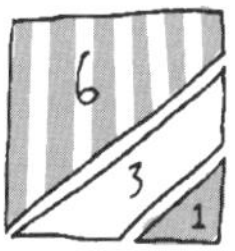

3가지 배색

의자

러그

조명

즐거운상상

SNS를 보면 "와~! 멋진 방이다!"라는
생각이 듭니다.

텔레비전의 '인테리어' 프로그램을 보며
"나도 저렇게 꾸미고 싶다"고 생각하지요.

하지만 막상 우리집을 둘러보면……
비좁고
내 집도 아니고
무엇보다, 바꾸려니 귀찮아집니다.

그래도 괜찮아요.
초보자도 간단히 할 수 있는
인테리어 비법을
알려드릴게요.

Prologue

집이 바뀌면 집 주인도 바뀝니다

이 책은 '센스가 없어도, 지금 가진 물건으로 세련된 집을 만들 수 있는 책'이에요. 센스가 없어도? 새 물건을 사지 않아도? 예. 괜찮습니다. 공간을 꾸미는 데는 법칙이 있으니까요. 법칙은 말하자면 방정식입니다. 하지만 학교나 가정에서는 그 법칙을 배울 기회가 거의 없었지요? 그래서 당신이 모르는 것뿐이에요.

저는 인테리어 디자이너 아라이 시마라고 합니다. 제 얘기를 조금 할게요. 저는 중학교 때 처음으로 독방을 갖게 되었어요. 그전까지는 동생과 같은 방을 쓰고 있었기 때문에 혼자만의 방을 갖게 되어 너무나 기뻤지요.

'가구 배치는 어떻게 할까? 무엇을 장식할까?'라는 생각을 하며 설렜던 기억이 지금도 생생해요.

고등학교 때는 세뱃돈을 받아 마음에 드는 에스닉 무늬의 러그를 산 적도 있어요. 펑크 밴드의 포스터와 프리마켓에서 발견한 낡은 타자기를 장식하기도 했지요. 지금 생각해보니 참으로 이상한 인테리어였군요(웃음). 빈말로라도 센스가 좋다고는 할 수 없을 것 같아요. 하지만 그 후로도 계속 제 취미는 '인테리어 바꾸기'였어요.

세월이 흘러 대학을 졸업하고 설계 사무소에서 일하던 어느 날. 아무리 생각해도 역시 인테리어와 관련된 일을 하고 싶다는 마음이 들어 다시 학교에 다니게 되었어요.

그 뒤로는 줄곧 인테리어 디자이너 길을 걷고 있어요. 열심히 공부하고 실패를 거듭하면서 경험을 쌓았습니다.

처음에는 '친구 집에 놓을 의자 하나를 골라주는' 일부터 시작했어요. 지금은 프리랜서 디자이너로 일하고 있는데, 어느덧 개인 주택과 아파트 디자인, 리폼 등을 150건 이상이나 했네요. 그리고 대학에서 강의를 하고, 개인 인테리어 레슨, 다양한 세미나 개최 등을 통해 지금까지 4천 명이 넘는 분들에게 인테리어 노하우를 전하고 있어요.

사람들과 많은 이야기를 나누면서 절실히 느낀 것은 "나는 센스가 없다. 그래서 집을 멋있게 꾸미지 못한다"라며 포기하는 사람이 많다는 거예요. 그건 너무나 안타까운 일이었어요. 여기서 하나만 기억했으면 하는 게 있어요.

처음부터 센스가 뛰어난 사람은 없다는 거예요. 이 일을 하고 있는 저도 처음부터 센스가 있었느냐고 묻는다면? 글쎄요. 조금 전에 말씀드린 저의 첫 번째 방. 아무리 생각해도 그저 그렇죠? 당연한 결과예요.

당시에는 법칙 같은 걸 전혀 몰랐으니까요. 앞서 말씀드린 것처럼 인테리어에는 법칙이 있어요. 그것을 알면 '누구나', '간단히' 세련된 집으로 꾸밀 수 있지요.

'센스는 타고 나는 것'이라는 말은 커다란 착각이에요. 극단적으로 말하면 애초에 센스 같은 건 없는 게 더 나을 수도 있어요. 선입견이 없는 사람이 법칙을 더 빨리 흡수할 수 있으니까요. 아무것도 모를수록 잘 따라하게 되고 집을 훨씬 멋있게 바꿀 수 있어요.

법칙을 알면 좋은 게 또 있어요. 최대한 돈을 쓰지 않게 되는 거예요. "인테리어를 하려면 돈이 든다"라고 말하는 사람들은 멋을 내기 위해 처음부터 새롭게 시작해야한다고 생각하기 마련이에요. 하지만 그것도 편견이에요.

법칙을 알면 돈을 쓰지 않고도 집을 멋지게 꾸밀 수 있어요. 이 책을 읽고 한 명이라도 더 많은 분들이 집이 바뀌는 감동을 체험하면 좋겠어요. 그리고 '집에서 보내는 편안한 시간이야말로 최고의 사치'임을 알게 되었으면 좋겠어요. 집은 자기 자신을 그대로 비추는 거울이니까요.

집이 바뀌면 집 주인인 여러분도 달라질 거예요. 자, 이제 최고의 집으로 바꿔볼까요?

차례

제 2 장

세련된 집을 만드는 20가지 인테리어 법칙

제 3 장 세련되게 꾸미는 장소별 인테리어 법칙

제 4 장

실패하지 않는 인테리어 아이템 구입 비결

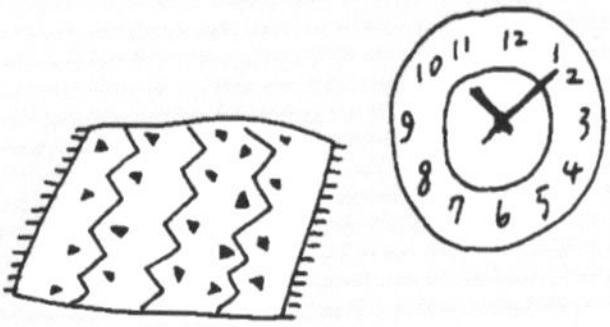

제1장

세련된 집이란?

집을 세련되게 꾸미는 일
왜 그렇게 쉽지 않을까요?
그 답을 알려드리겠습니다

누구나 집에 대한 고민은 있다

"집에 대해 어떤 고민이 있으세요?"

이렇게 물으면 대부분 다음과 같이 대답합니다.

"글쎄요, 딱 꼬집어 말할 순 없지만 집이 마음에 안 들어요. 그저 그래요."

어디가 그저 그런지 이유를 물으면

"음~. 잘은 모르겠지만 그냥 그저 그래요."

많은 분들이 이렇게 대답합니다. 그리고 고민스러운 표정으로 이런 말도 덧붙이지요.

"집을 좀 바꿔보고 싶어요. 하지만 어디서부터 뭘 어떻게 해야 좋을지 모르겠어요."

가족과 함께 TV를 보거나 게임을 하고 싶지만 비좁아서 느긋하게 즐길 수 없다는 말도 합니다. 마음에 드는 그림을 사서 장식도 해봤지만 어딘지 어울리지 않는다고도 합니다.

편히 쉴 수 있는 방으로 만들고 싶어서 관엽 식물을 놓아봤지만 여전히 안정이 되지 않는다고도 하지요.

이런 식으로 '이렇게 해보고 싶다'는 바람은 어렴풋이 갖고 있지만 구체적으로 집을 어떻게 해야 할지 몰라서 결국 그냥 아무것도 못하고 있는 사람이 대부분인 것이 현실이지요.

잡지나 인터넷 사이트의 '인테리어 특집'을 보면 이런 말을 자주 해요.

"라이프 스타일에 맞게 집을 꾸며보세요."

"취향을 반영해보세요."

"먼저 이상적인 집을 그려보세요."

전문가로서 말씀드리자면, 이런 건 어려운 기술에 속해요. 집을 꾸미는 것에 대해 생각도 해본 적 없는 사람에게는 무척 어려운 일이지요. "대체 라이프 스타일이라는 게 뭐지? 어떻게 해야 취향을 갖게 되는 거야? 이상적인 집이라니……"
라고 말하는 분도 있을 거예요.

여러 해 동안 개인 주택의 인테리어 디자이너로 일하며 다양한 장소에서 집 인테리어에 대해 이야기해 온 제가 느꼈던 많은 사람의 진짜 속내는

이유는 모르겠지만 집이 그저 그렇다.
그래서 마음에 들지 않는다.
하지만 뭘 어떻게 해야 좋을지 모르겠다.

간단히 이렇게 정리할 수 있을 것 같아요. 집이 마음에 들지 않는 이유는 사람에 따라 '어수선하다', '균형이 맞지 않다', '허전하다' 등으로 나눌 수 있겠지요?

▷ '그냥 하는 것'이 모든 것의 원인

많은 사람이 헤어나지 못하는 '그저 그런 집'에는 공통된 원인이 있어요.

그게 뭘까요? 그것은 바로 '그냥 하는 것'이에요. 어느 고객과의 대화를 예로 들어 보겠습니다.

나　　"이 물건은 왜 여기에 두신 건가요?"

고객　"음~. 그냥이요."

나　　"왜 이 테이블을 고르셨어요?"

고객　"…… 그냥 골랐던 것 같은데요?"

그렇습니다. 이 애매함을 상징하는 '그냥'이라는 감각. 이것이 그저 그런 집이 되어버린 이유입니다. '별 생각 없이' 그렇게 되어 버리는 것은 당연한 결과라 할 수 있어요. 집을 꾸미는 것에 대해 아무도 그 방법을 가르쳐주지 않았기 때문이지요. 모르면 감각에 의존할 수밖에 없어요.

예컨대 거실을 구성하는 소파, TV 선반, 커튼, 조명, 러그, 쿠션, 소품, 벽에 걸린 그림, 벽시계, 관엽식물…… 등등. 이것들은 어느 집에서든 볼 수 있는 물건. 절대 희귀한 물건이 아니지요?

그런데도 왜 그저 그렇게 느껴지는 것일까요? 그 이유는 역시 '그냥'이라는 감각 때문이에요.

그냥 TV 선반을 놓았기 때문에.

그냥 소파를 놓았기 때문에.

그냥 그림을 장식했기 때문에.

그래서 방 전체도 그냥 그저 그렇게 된 거예요.

▷ 어떤 집이든 세련되어질 수 있다

이 책에서는 세련된 집을 만드는 20가지 인테리어 법칙을 소개할 거예요. 이 20가지 법칙은 '그냥'을 멈추게 하는 방법이라고 할 수 있어요. 집을 꾸미는 법칙은 수학이나 화학으로 말하자면 규칙과 정리, 공식 같은 거예요.

보편적인 것이므로 어떤 상황에서도 이 법칙을 적용할 수 있지요. 복잡한 문제도 깔끔하게 정리할 수 있기 때문에 인테리어가 쉬워진답니다.

법칙을 알면 이런 장점이 있어요.

① 실패하지 않는다

여러 번 다시 하거나 실패를 반복하는 일이 없어집니다. 뭐니뭐니 해도 집 꾸미기가 즐겁고 편해져요.

② 고민의 시간이 줄어든다

배치와 장식하는 방법에 시행착오를 거치는 시간이 줄어듭니다. 짧은 시간 안에 센스 있게 마무리할 수 있게 되지요. 집이 깔끔해지므로 정리나 청소 시간도 짧아져요.

③ 돈 낭비가 줄어든다

집에 어울리는 물건을 알게 됩니다. 사야할 물건을 알게 돼 돈 낭비가 줄어들지요. "예쁘네! 하지만 이건 우리 집에 안 어울려"라는 판단을 할 수 있게 된답니다.

④ 스트레스가 줄어든다

물건이 많고 컬러가 다양한 어수선한 집은 정보가 과잉되어 피곤하기 쉬워요. 세련된 집은 정신적으로도 편안함과 안정감을 주지요.

⑤ 친구를 초대할 수 있다

마음 편하게 언제든 사람을 초대할 수 있게 됩니다. 사람을 부를 수 있다는 건 자신감으로도 연결되지요. 어떤가요? 좋은 일이 엄청 많지요?

'자기다움'은 법칙을 따른 뒤에 온다

감각에 의존하지 말고, 우선은 인테리어 법칙을 따르는 것부터 시작하자고 말하면 이런 반응을 보일런지도 모릅니다.

"그러면 나다움을 표현하지 못하는 게 아닐까?"
"좀 더 개성 있는 집으로 만들고 싶어."
"법칙 같은 거 귀찮아!"

그 마음은 충분히 이해해요. 자신의 감각으로 좋아하는 것을 좋아하는 스타일로 배치하고 만족할 수 있으면 그걸로 충분해요. 법칙에 얽매일 필요가 없지요. 하지만 지금 집에 100퍼센트 만족하시나요? 만일 그렇지 않다면 당신은 '감각적으로', '개성적으로', '자유롭게' 집을 꾸며 온 거예요. 뭔가 부족한 느낌이 드는 집이 된 원인이 바로 그것이라고 생각해요.

지금의 집이 왠지 모르게 그저 그렇다고 생각한다면 우선은 기본 법칙을 따라 해보세요. 자기다움을 표현하는 것은 그 다음 단계예요. 자기다움이란 법칙을 알면 저절로 나타나는 것이니까요.

요리도 마찬가지예요. 기본 레시피를 알고 있기 때문에 응용도 할 수 있는 것이지요. 음악도 메인 멜로디를 알기 때문에 하모니를 넣을 수 있는 것이고요. 법칙을 무시하고 개성을 내세우는 것과 법칙을 알고 난 후 그것을 응용해 나가는 것(개성을 표현하는 것)은 분명 다른 거예요.

어떤 분야에서든 자기 방식대로 해서 최고가 되는 천재가 있어요. 하지만 그것은 예외 중의 예외이고 보통 사람들에게는 어려운 일이지요.

집 인테리어도 마찬가지. 우선은 속는 셈치고 법칙에 맡겨보는 건 어떨까요? 법칙대로 하고 나서 그것을 응용해 개성을 표현하는 게 가장 효율적이에요. 그리고 최종적으로는 그것이 당신다운 세련된 집을 만들기 위한 지름길이기도 해요.

불가능한 집은 없다

"법칙이 중요하다지만, 우리 집은 애초에 조건이 안좋아서 무리예요."

이런 분도 많으시지요? 방이 좁아서, 임대주택이라서, 아이가 있어서 등등 여러 가지 고민이 있을 거예요. 저는 지금까지 아주 많은 집을 봐왔어요. 가족 구성, 방의 크기나 평면 등 조건이 정말 각양각색이었지요. 게다가 인테리어 취향도, 센스도 제각각이었고요.

하지만 어떤 집이든 바꾸지 못한 적은 한 번도 없었어요. 얼마 전에 방문한 집에서도 가구 배치를 바꾸려고 하니까 "아마 우리 집은 별로 달라 보이지 않을 걸요?"라며 의뢰인이 반신반의하는 모습을 보였어요.

하지만 법칙에 따라 하고 실천해본 후 "와, 완전 다르네요!

아무것도 안 샀는데 달라졌어요."라며 기뻐했어요.

"어차피 우리 집은 변하지 않는다."라는 생각은 대부분 커다란 편견이에요. 흔히 있는 편견의 대표적인 사례를 몇 가지 들어볼게요.

사례 ① 좁다

"우리 집은 좁아서요."

압도적으로 많은 고민 중 하나입니다. 넓어야 멋있는 집을 만들 수 있다고 생각한다면 그건 편견이에요. 좁은 집을 넓어 보이게 만들 수 있기 때문이지요. 예컨대 키 큰 가구를 앞쪽에 두고 키가 낮은 가구를 안쪽에 배치하면 원근법으로 인해 안길이가 생기고 넓어 보여요. 이런 식으로 조금만 연구하면 좁은 집도 넓어 보입니다.

여러분은 하나같이 '좁다'고들 말하는데, 그럼 대체 얼마나 넓어야 좋은 걸까요? 결국 이상적인 넓이란 없다고 봐야 해요. 반대로 좁은 공간은 작은 아이템으로도 변화를 줄 수 있어요. 그게 더 효율적이라고 생각하지 않으세요?

사례 ② 임대주택이다

"전셋집이라 포기하고 살아요."

이것도 자주 듣는 소리예요. "그럼 집을 살 계획이 있으십니까?"라고 물으면 "아니요. 현재로선 생각이 없어요."라거나 "언젠가는 사고 싶어요."라는 애매한 대답이 돌아오지요. 구체적인 매매 계획도 없이 타협한 채 산다는 건 너무 아까운 일이에요. 임대주택이라도 할 수 있는 것이 아주 많아요.

사례 ③ 돈을 쓰고 싶지 않다

'기본적으로 남에게 집안을 보여줄 일도 없고, 별로 돈을 쓰고 싶지 않다.'

이것도 많은 사람들의 속마음이라 생각해요. 옷과 달리 가구나 조명은 단가가 높아서 실패했을 때 큰 타격을 받게 되지요. 하지만 이 책에서 소개하는 기본 법칙은 '지금 가진 것'으로 실천할 수 있는 것들이에요. 뭔가를 산다고 해도 적은 비용으로 해결되는 물건 위주로 알려드리고 있어요.

게다가 어느 집이건 일부러 사지 않아도 공간을 세련되게 만들어 주는 보석 같은 아이템이 있게 마련이에요. 여러분이 전혀 알아채지 못하고 활용하지 못하고 있는 것이지요.

최근에 새로 가구를 재배치한 몇몇 집에서도 그랬어요. 둘러보면 멋진 조명과 그림이 있는데도 효과적으로 사용하지 못하는 경우가 많아요. 현재 가지고 있는 물건을 놓는 방법, 장식하는 방법만 바꿔도 느낌이 확연히 달라져요.

사례 ④ 아이가 있다, 반려동물이 있다

"우리 집에는 어린 아이가 있어서요…."

"고양이가 있어서 장식은 진즉에 포기했어요…."

체념한 얼굴을 한 이런 고객과도 많이 만났어요. 아이와 반려동물이 있는 집은 확실히 장난감이나 반려동물 제품이 늘어나면서 외관상 깔끔하고 세련된 상태로부터 점점 멀어지게 되지요. 하지만 법칙을 알면 보이고 싶지 않은 물건을 잘 감추면서 깔끔한 방을 만드는 요령을 알게 돼요.

아직 포기하기엔 일러요!

세련된 집이란
대체 어떤 집인가?

'세련되다'는 말은 '우아하다' 혹은 '촌스럽지 않다'는 뜻이에요. 세련된 집을 '멋진 집'이나 '센스 있는 집'으로 바꿔 말해도 좋겠지요. 세련된 집이란 대체 어떤 집일까요?

이 질문에 대해 오랜 세월 인테리어 디자이너로 활동해온 제가 내린 결론은 '봐야할 것이 분명한 집'이에요.

그에 반해 그저 그런 집이란 어디를 보면 좋을지 모르는 집이지요. 거실에 들어선 순간 "아, 멋진 꽃이 장식되어 있구나"라거나 "편안해 보이는 소파다!"라는 식으로 시선이 가는 장소가 확실한 곳. 그게 바로 세련된 공간이에요.

반면에 거실에 들어섰는데 물건이 많아서 시선 둘 곳이 없거나 또는 물건이 너무 없어서 시선 둘 곳이 없는 경우도 있어요. 이처럼 어디를 보면 좋을지 모르는 곳은 '그저 그런 공간'이에요.

▷ 시선 둘 곳을 만든다

그렇다면 봐야 할 물건이 분명한 공간을 만들려면 어떻게 하면 좋을까요? 그 포인트가 바로 '시선'이에요. 이를테면 집에 들어섰을 때 가장 눈에 띄는 곳을 장식하는 것이지요.

그러면 시선이 한 곳에 집중되어 다른 것에는 신경이 쓰이지 않아요. 그리고 가구를 채워 넣기보다는 적당한 여백이 있어야 더 넓게 보여요.

무턱대고 장식하거나 배치하지 않는다.
시선에 맞춰 장식하고 배치한다.

이것이 바로 세련된 공간을 만들기 위한 가장 효율적이고 효과적인 개념이에요. 자세한 것은 2장에서 자세히 알려드릴게요.

잘 모를 때는 '현관'부터 시작해 보자

여기까지 읽고 "이 정도라면 할 수 있을 것 같다!"

이런 의욕이 당신에게 생겼으면 좋겠어요. 하지만 문제는…… "도대체 어디서부터 손을 대면 좋을까?" 그거죠?

처음 시작하는 장소로 추천하는 곳은 '현관'이에요. 공간이 좁기 때문이지요. 시간을 들이지 않아도 금방 변화가 생겨요. 그리고 실패해도 금방 다시 시작할 수 있지요. 동기 부여가 잘 되는 장소예요. 또한 현관은 손님이 그 집에서 맨 처음 지나가는 장소. 이른바 '그 집의 얼굴'이지요.

소파나 테이블처럼 큰 가구를 움직이는 등 거실의 가구 배치를 다시 하는 것은 조금 힘든 일이에요. 하지만 현관 선반을 정리하거나 디스플레이를 바꾸는 것이라면 별로 어렵지 않지요. 시간도 수고도 별로 들이지 않고 해치울 수 있어요.

현관을 출입할 때마다 보이는 곳이므로 '변했구나'라고 스스로도 실감할 수 있지요.

'20가지 인테리어 법칙'을 시도한다면 우선은 현관부터! 현관의 느낌이 바뀌면 다음에는 거실, 주방, 침실 등 다른 곳도 시도해 보고 싶어질 거예요.

조금씩, 무리하지 마세요. 집이 바뀌면 당신의 기분도 달라집니다. 집에서 시간을 보내는 것이 편안하고 즐거워집니다. 그 변화를 꼭 느껴보세요.

제2장

세련된 집을 만드는 20가지 인테리어 법칙

20가지 인테리어 법칙을 알아두면
돈 들이지 않고 지금 가진 물건만으로도
얼마든지 세련된 집을 만들 수 있어요!

법칙 01 | 집의 인상을 바꾸는 법칙

입구와 대각선상에 무엇을 두는가로 모든 것이 결정된다

"

입구에서 가장 먼 대각선상에 있는
물건으로 첫인상이 결정된다.

"

원룸이니까, 좁아서, 임대주택이라서 인테리어를 포기한 상태라면 지금 당신은 큰 손해를 보고 있는 거예요. 인테리어 디자이너로 오래 일해본 제가 분명히 말씀드릴 수 있어요. 살고 있는 집의 조건과 관계없이 누구나 세련된 집을 만들 수 있어요.

그것은 1장에서도 알려드린 바와 같이 어떤 집이라도 바꿀 수 있는 공통된 법칙이 있기 때문이에요. 제2장부터는 본격적으로 '지금 가진 물건만으로 세련된 집을 만드는 법칙'을 소개하겠습니다.

첫 번째는 가장 중요한 법칙이라고도 할 수 있어요. 그것은 바로 입구에서 대각선을 의식하는 거예요. 공간은 문을 열었을 때 '우선 무엇이 보이는가?'로 모든 인상이 결정됩니다. 그러므로 입구에서 안으로 향하는 대각선을 의식해 가구를 배치하거나 소품을 두세요.

왜 대각선일까요? 그것은 사람의 시선에 답이 숨어있어요. 대부분의 방은 사각형인데, 입구에서 볼 때 문의 대각선상이 가장 먼 곳이에요. 사람은 어떤 공간에 들어섰을 때 무의식적으로 가장 먼 곳으로 눈을 돌린다고 해요. 본능적으로 이곳이 안심하고 지낼 수 있는 곳인지, 넓이와 상황을 파악하는 것이지요.

그래서 눈에 확 띄는 이 공간이 어떤지에 따라 집의 모든 것이 결정되는 것이죠. 반대로 말해 여기만 예쁘게 해두면 깔끔한 곳이라는 인상이 남는 거예요. 그러니 여기에는 공간의 주인공이 될 물건을 놓으세요. 그리고 주인공이 아닌 물건은 대각선상에서 빼내세요.

대부분의 가정에서는 이 대각선을 의식하지 않아요. 그래서 매우 안타까운 상황이 연출되곤 합니다. 전에 방문한 어느 집에서는 거실 문을 열었더니 대각선상에 커다란 운동 기구가 있었어요. 가족이 편히 쉬기 위한 공간인데 마치 헬스클럽 같았어요.

여러분의 집은 어떤가요? 문을 열면 제일 먼저 눈에 띄는 것은 무엇인가요? 공간의 대각선상에 무엇이 놓여있는지 꼭 한번 점검해보세요.

부모님께서 주신 내 취향에는 별로 맞지 않는 수납 가구,

POINT

입구의 대각선상에 주인공을 놓는다

들어선 순간 눈에 들어오는 것으로 인상이 결정된다. 어디든 들어가면 사람은 우선 대각선상을 확인하게 되므로 그 시선을 이용한다. 시선이 모이는 대각선상에 공간의 주인공을 두는 것이 가장 효과적. 사각지대는 아무리 장식해도 눈에 잘 띄지 않으므로 꾸며봐야 소용없다.

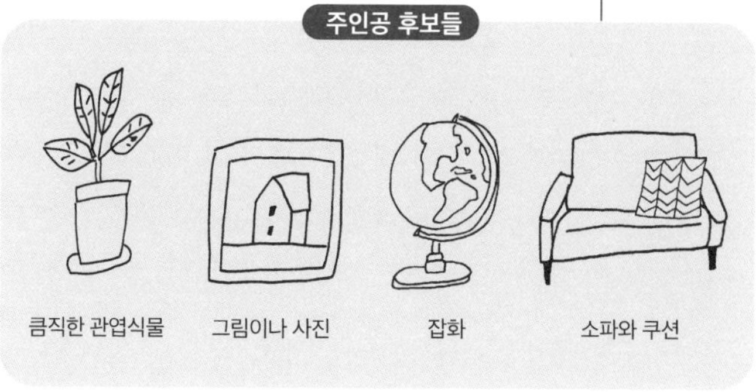

이사한 후 그대로 둔 상자, 결혼 전부터 사용해온 플라스틱 선반…. 주연급이라고는 말하기 어려운 것들이 버젓이 점령하고 있다면 주의해야 합니다.

'이제 와서 치우려니 귀찮다', '거기 있는 것에 익숙해졌다'라고 생각하는 것도 역시 당연해요. 하지만 그것들을 한번 대각선상에서 빼보면 분위기가 달라질 거예요.

대각선상에서 뺀 물건은 어떻게 할까? 그것은 시야에 들어오지 않는 사각지대로 옮기세요. 대각선상이 아닌 구석이나 소파 옆 등의 사각지대는 약간 어질러져 있어도 시선에 잘 들어오지 않기 때문에 별로 신경 쓰이지 않아요.

사실은 '정리가 서툰' 사람에게도 이 법칙은 좋은 정보지요. 사각지대를 잘 이용하고, 대각선상의 물건을 정리해 깨끗하게 만들며, 무엇을 둘 것인지 의식하면 깔끔해 보여요.

무리해서 전체를 치우려 하지 않아도 괜찮아요. 갑자기 손님이 왔을 때도 도움이 되는 편리한 법칙이에요.

한 곳에만 시선을 모아서 보여줄 곳을 만든다

“

'어디를 봐야 좋을지 모를 때'
그저 그런 공간이 된다

”

인테리어 디자이너라는 직업을 갖고 있기 때문에 다양한 집을 찾아가게 됩니다. 제일 먼저 지나게 되는 곳이 거실이에요. 지금까지의 경험상 "집이 왠지 그저 그래요. 어떻게든 하고 싶어요!"라는 고민을 가진 분들의 공간의 특징은 두 가지예요. 하나씩 볼까요?

① 어수선하다

첫째, 청소를 했는데도 왠지 어수선한 공간이에요. 예컨대 벽에는 컬러풀한 드레스 차림의 아이 사진과 서예 작품, "언제부터 거기 있었지?" 싶은 빛바랜 포스터. 선반 위에는 선물로 받은 물건, 버리지 못한 명품 박스. 책과 잡지도 곳곳에 있어요. 관광지 이름이 적힌 소품이 여기저기 장식되어 있는 거실도 있었어요.

이렇게 여러 가지 물건이 여러 장소에 놓여있으면 색이 넘쳐나 눈이 피곤해져요. 그리고 시선을 둘 곳이 없어 '안정감을 주지 못하는 공간'이 되고 말아요. 아무리 깨끗이 청소를 해도 소용이 없어요.

② 뭔가 부족하다

둘째로는 삭막한 공간이에요. “물건이 나와 있는 게 싫어서 뭐든 수납합니다. 그래서인지 삭막한 공간이 되고 말았어요.” 그런 상담도 자주 받아요.

실제로 집에 가보니 정리가 잘 되어 있고 깔끔했어요. 하지만 뭔가 쓸쓸하고 허전했어요. 썰렁하게 느껴지는 경우도 있어요. 이처럼 깔끔한데도 어딘가 편하지 않은 집도 있어요.

이런 ‘어수선함’과 ‘부족함’은 정반대인 것처럼 보이지만 공통점이 있어요. 그건 어디를 보면 좋을지 모르는 곳이라는 점입니다. 그래서 눈동자가 흔들리게 되고 마음이 불안정해지는 거지요.

해소하는 법칙은 매우 간단해요. 그것은 두 집 모두 포컬 포인트(볼거리)를 만드는 거예요. 그렇게만 해도 인상이 바뀐답니다. 포컬 포인트란 ‘시선을 모으는 장소’를 말해요. 한 곳으로 시선을 집중시키면 다른 장소가 좀 어수선해도 별로 신경이 쓰이지 않아요.

한 점에 포커스를 맞추고 주변을 흐리게 하는 사진 촬영 기술과 같은 것입니다. 어디를 보면 좋을지 모르던 집 안에 봐야 할 물건이 확실해지면 안정감이 생겨요.

멋있게 느껴지는 호텔이나 레스토랑에는 반드시 이런 포컬 포인트가 있어요. 입구 정면에 큰 그림이나 꽃이 장식되어 있어 우선 그곳에 시선이 가도록 배치되어 있는 경우가 많아요.

패션도 똑같아요. 아래위로 회색 옷을 입고 있으면 어떨까요? 깔끔하고 예쁘지만 색감이 떨어지고 심심한 인상을 주지요. 하지만 거기에 빨간 벨트, 골드 귀고리와 목걸이 등 뭔가 악센트가 되는 물건을 하나 더하면 시선이 고정돼요. 그것이 멋있어 보이는 시스템이지요. 포컬 포인트 개념도 마찬가지예요.

이처럼 공간 한 곳에 포컬 포인트(볼거리)를 만들어보세요. 예컨대 거실이라면 법칙 1에서 알려드린 것처럼 입구와 대각선상에 있는 곳이 최고예요. 가장 먼 곳에 시선을 집중시키면 안길이가 강조되어 공간이 넓게 느껴집니다.

POINT

한 곳에 볼거리를 만든다

BEFORE

어수선한 공간

물건이 뿔뿔이 흩어져 있어 시선을 둘 곳이 없다. 방에 있어도 차분한 느낌이 들지 않아 마음 편히 쉬기 어렵다.

AFTER

볼거리(포컬 포인트)를 만든 공간

의도적으로 시선을 모을 장소를 만들면 봐야 할 물건이 분명해져서 방이 정리된다. 다른 장소가 다소 어수선해도 신경 쓰지 않게 된다.

여기에 관엽 식물이나 그림, 사진을 장식해보세요. 그 밖에 동물이나 숲을 본뜬 다양한 모티브의 시트 벽지도 추천합니다. 인터넷이나 균일가숍에서도 구입할 수 있어요. 우선은 한 군데라도 좋으니 포컬 포인트를 정해 좋아하는 것을 모으세요.

키 작은 가구를 안쪽에 놓으면 착시현상으로 넓어 보인다

“

배치하기에 따라
넓어 보이게 할 수 있다.

”

"최대한 집을 넓어 보이게 하고 싶다."

누구나 이런 생각을 해요. 특히 거실과 주방은 손님을 초대하는 공간. 친구들이 '집이 밝네!', '널찍하네'라고 생각해 주길 바랍니다.

넓이는 다르지 않은데 왠지 '넓어 보이는 방'과 '좁아 보이는 방'이 있어요. 같은 평수, 같은 평면인데도 넓게 느껴지거나 압박감이 느껴지는 건 왜일까요? 차이가 어디에 있다고 생각하세요?

그건 바로 '시선 조종'을 할 수 있느냐 없느냐의 차이예요. '방이 널찍하다'라고 느낄 때는 방 안쪽까지 시야가 트여있어요. 반면에 좁게 느껴지는 방은 방 바로 앞이나 가운데 정도에서 시선이 멈추지요.

그래서 가구 배치가 중요해요. 같은 가구라도 두는 방법에 따라 시선 가는 곳이 완전히 달라지거든요. 포인트는 키 큰 가구를 앞쪽에 놓고, 키 작은 가구를 안쪽에 배치하는 것. 시선이 방해를 받지 않으면 가장 안쪽까지 훤히 보여요.

즉 착시 현상으로 안길이가 생기는 거죠. 미술에서 말하는 '원근법'. 앞쪽에 있는 것을 크게, 안쪽으로 갈수록 작게 그림으로써 안길이를 표현하는 것과 같은 개념이에요.

찬장이나 책꽂이 등 키가 큰 가구는 가능하면 입구 근처에 놓으세요. 그리고 안쪽에는 작은 선반이나 소파 같은 키 작은 가구를 놓아보세요. 아파트는 일반적으로 안쪽에 창문이 있어요. 그 창 쪽으로 시야가 트이도록 가구를 두면 좋아요.

그리고 바닥의 색이 밝으면 공간이 넓게 느껴져요. 짙은 갈색처럼 바닥 색이 진한 경우에는 흰색이나 베이지, 밝은 회색의 큼직한 러그를 깔아보세요. 밝은 색의 면적 비율을 최대한 크게 만들면 공간이 넓게 느껴집니다.

POINT

키 작은 가구를 안쪽에 놓는다

시야가 트여 넓어 보인다.

키 큰 가구를 앞쪽에 놓고 키 작은 가구를 안쪽에 배치하면 시선이 방해를 받지 않아 안쪽까지 볼 수 있다. 착시로 인해 넓어 보인다.

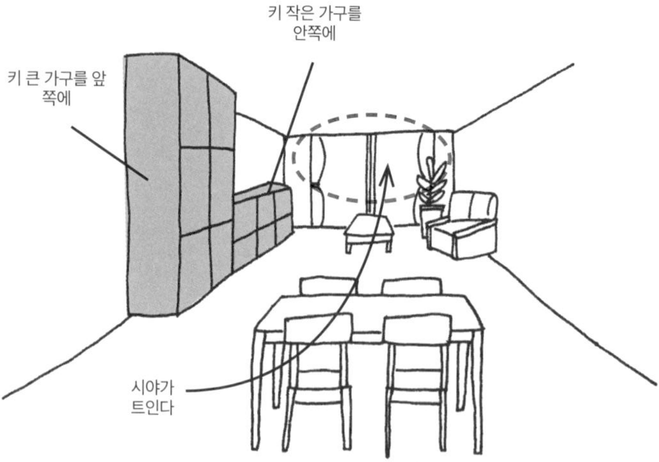

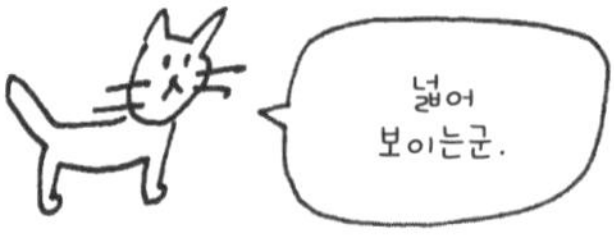

법칙 04 | 집이 넓어 보이게 하는 법칙

바닥 면적의 3분의 2는 여백으로 남긴다

“

정말 필요한 가구인지 아닌지 따져보면
의외로 불필요한 것도 많다.

”

가구가 많은 공간은 아무래도 답답한 인상을 주지요. 그렇다면 바닥 면적에 비해 어느 정도의 비율로 가구를 놓는 게 좋을까요? 가구가 차지하는 면적을 3분의 1로 하는 것, 즉 바닥의 빈 공간을 3분의 2정도 확보하는 것이 가장 좋아요. 그리고 찬장이나 책꽂이 등의 수납 가구는 벽 쪽으로 모아서 배치하세요. 방 가운데를 비워두면 바닥 면적이 넓게 보이니까요.

바닥에 여백(빈 공간)을 만들기 위해서는 가구를 늘리지 않는 게 최고예요. 당연한 말이겠지만 가구가 적어야 넓어 보여요. "그런 건 다 알아요"라는 소리가 들리는 것 같네요.

하지만 '거실에 소파는 필수품', '주방에는 식탁 세트를 두는 게 보통', '소파 앞에는 낮은 테이블이 필수'라고 생각하고 있다면 주의하세요. 사람마다 필요한 가구가 다르니까요.

우선은 하루를 어떻게 보내고 있는지 생각해 보세요. 여기서는 거실과 주방을 예로 들어보겠습니다.

▷ 거실에서 시간을 보내는 유형

식사는 빨리 끝내는 편이고, 거실 소파에서 편안히 쉬는 시간이 길다. 친구를 초대했을 때도 거실에서 떠들썩하게 먹고 마신다.

→ 식탁을 콤팩트한 타입으로, 그 대신 소파는 큼직한 것으로 놓습니다. 다리를 쭉 뻗거나 누울 수 있는 큼직한 카우치 소파도 좋아요.

▷ 식탁에서 시간을 보내는 유형

컴퓨터 작업이나 아이의 공부 등으로 식탁에서 오랜 시간을 보내는 사람. 술을 마시며 천천히 식사를 즐기거나 식후에 주방에서 텔레비전을 보기도 한다.

→ 큰 식탁이 유용합니다. 소파에 앉아 식사를 할 수 있도록 낮은 탁자와 소파를 조합한 소파 식탁을 만드는 경우도 있어요. 식사와 휴식의 공간이 하나로 정리되지요.

이렇게 '하루하루를 어떻게 보내는가?'를 생각하면 '필요한 가구'와 '필요 없는 가구'를 알게 됩니다. 필요 없는 가구는 크기를 줄이거나 아예 처분해 공간을 넓게 보이도록 만드세요.

POINT

어디서 지내는 시간이 긴지 생각한다

거실에서 지내는 유형

거실 소파에서 쉬는 시간이 길다면 소파는 큼직하게. 다리를 뻗을 수 있는 카우치 타입도 추천. 대신 식탁은 콤팩트 타입으로.

다리를 뻗을 수 있는
카우치 타입 소파

+

콤팩트한 식탁

식탁에서 지내는 유형

컴퓨터를 사용하거나 아이가 공부를 하는 등 식탁을 사용하는 빈도가 높다면 식탁은 큼직하게. 식사와 휴식 공간이 하나로 합쳐진 소파 식탁을 놓는 경우도 있다.

큼직한 식탁

or

쉴 수 있는 소파 식탁

130~150㎝의 관엽식물을 놓는다

“
관엽식물은 가장 쉽게
멋있어지는 마법의 아이템
”

만일 "멋있는 공간을 만들기 위해 하나만 산다면 뭐가 좋을까요?"라고 묻는다면 망설임 없이 관엽식물을 추천합니다. 어떤 인테리어의 집에도 어울리며, 생명력 있는 아이템은 힐링이 되기 때문이지요.

식물은 어수선한 공간에는 한 모금의 청량제가 되고, 물건이 적고 삭막한 공간에는 악센트가 된답니다.

최근에는 고객에게 인테리어로 관엽식물을 제안하는 경우도 많아졌어요. 하지만 "어디에 두면 좋을지 모르겠다", "너무 많아서 무엇을 선택해야할지 모르겠다", "잘 기를 수 있을지 걱정이다"라며 망설이는 분도 많습니다.

지금부터 그런 고민과 의문을 해소해보기로 하지요.

관엽식물을 둬야 할 장소

공간의 구석이나 여백으로 남은 자리에 두는 것이 기본. 바닥에 놓는 큰 사이즈라면 존재감이 있어서 공간의 주인공이 됩니다. 들어섰을 때 대각선 안쪽 공간에 두면 법칙 2에서 알려드린 포컬 포인트(볼거리)가 되지요.

텔레비전 등의 전자기기 옆에 놓으면 딱딱한 분위기를 부드럽게 만들어줍니다.

실패하지 않는 크기

관엽식물의 사이즈는 바닥에 놓는 큰 종류에서부터 테이블이나 선반에 놓을 수 있는 작은 종류까지 다양합니다. 처음이라면 작은 종류를 키워보세요. 창틀이나 TV 장식장, 선반 위 등 장소를 불문하고 놓을 수 있어요.

바닥에 놓는 것은 130~150㎝. 천장이 높고 공간이 넓으면 180㎝ 정도도 괜찮지만 4평 정도 넓이면 130㎝ 전후가 적당한 크기예요.

키우기 쉬운 식물

키우기 쉬운 것은 고무나무와 스킨답서스. 하트 모양의 잎이 귀여운 움베라타, 쭉 뻗은 줄기와 큼직한 잎이 예쁜 파키라도 인기예요. 선인장도 추천합니다. 물 주는 게 귀찮은 사람을 위해서는 하이드로컬처, 흙이 없어도 자라는 에어 플랜트도 요즘 인기가 급상승 중이에요.

POINT

망설여진다면 관엽식물로 장식한다

실패하지 않는 크기

바닥에 놓는 종류라면 130~150cm. 4평 정도의 넓이에는 130cm 전후가 적당하다.

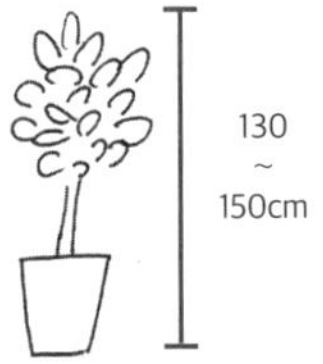

천장이나 벽에 장식한다

천장에 매다는 행잉 바스켓을 이용하면 훨씬 세련된 느낌. 벽에 식물을 장식할 수 있는 아이템도 많이 판매되고 있다. 잎이 늘어지는 종류의 식물도 잘 어울린다.

기르기 쉬운 종류

특히 고무나무와 스킨답서스는 기르기 쉬우므로 초보자에게 추천. 움베라타는 귀여운 느낌, 파키라는 쭉 뻗은 모습이 멋있다.

천장이나 벽에 장식한다

"아이와 반려동물이 있어서 바닥에 식물을 놓을 수 없다", "바닥에 놓으면 방이 좁아진다"라고 걱정하는 분에게는 천장이나 벽 활용을 추천합니다.

천장에 매다는 행잉 바스켓이나 벽에 식물을 장식하기 위한 아이템도 있어요. 무인양품의 '벽에 걸 수 있는 관엽식물' 시리즈라면 간단히 설치할 수 있지요. 식물이 마치 한 장의 그림이 된답니다.

아이비나 그린 네크리스 등은 잎이 늘어지는 모습이 예뻐서 매달아 장식하기에 적합해요.

매번 말려 죽이는 사람이라면

"하지만 저는 선인장도 말라 죽게 만들어요"라고 말하는 고객도 있어요. 요즘은 진짜와 똑같은 조화도 많아서 저도 집을 꾸미는데 활용하고 있고, 고객에게 제안하는 경우도 있어요. 균일가 숍에서도 팔고 있지만 저렴하면 색과 질감이 가짜인 게 티가 나더라고요. 조금 비싸더라도 품질 좋은 상품을 강력히 추천합니다.

조화를 장식할 때 포인트는 잎의 와이어를 조정해서 보다 자연스럽게 보이도록 만드는 거예요. 처음 자리를 잡은 후에는 관리할 필요가 없기 때문에 자칫하면 방치하기 쉽지요.

하지만 먼지가 쌓이면 금방 가짜 느낌이 나니까 부지런히 잎을 닦아 주세요. 대체 무엇을 꾸미면 좋을지 모르겠다는 분들은 우선 식물을 키워 보세요.

쿠션은 3개를 기본으로 홀수로 둔다

"

쿠션은 세련된 공간의 필수 아이템.
계절감은 쿠션 커버로 표현하는 것이 최고.

"

막상 집 인테리어를 바꾸려고 해도 "돈을 별로 쓰고 싶지 않다", "가구를 움직이는 게 귀찮다", "가구 배치를 바꾸기 전에 청소를 해야 한다"는 이유로 망설이기 쉽습니다.

그 기분은 잘 알아요. 돈과 수고를 들이고 싶지 않은 마음은 누구나 똑같아요.

관엽식물에 이어 방을 세련되게 꾸미는 두 번째 아이템을 소개하겠습니다. 그것은 쿠션. 커튼이나 소파는 돈이 들고 바로 바꾸기도 어려워요.

하지만 쿠션이라면 조금 쉽지 않을까요? 속은 그대로 두고 커버만 바꿀 수 있으니까요. 계절이나 기분에 따라 쉽게 바꿀 수 있는 훌륭한 아이템이에요. 그리고 뭐니뭐니 해도 "멋있다!"라고 사람들에게 칭찬도 받는답니다.

저는 쿠션을 매우 좋아해서 색과 무늬, 소재를 어떻게 조합할 것인지 생각하면 마음이 설렙니다. 저희 집에서는 봄 여름과 가을 겨울 연 2회 쿠션 커버를 바꾸고 있어요. 여기서는 쿠션의 포인트를 소개하겠습니다.

쿠션 개수에는 정답이 있다

해외 인테리어 잡지를 보면 앉을 공간이 없을 정도로 소파에 쿠션이 많이 놓여 있기도 해요(웃음). 그렇게까지는 두지 않더라도 쿠션은 3개, 혹은 5개가 좋아요.

소파 좌우에 각각 2개와 1개(합계 3개)를 두거나 또는 3개와 2개, 4개와 1개(합계 5개)를 둡니다. 이때 입구에서 봤을 때 소파 안쪽에 여러 개를 두면 안정감이 생기지요.

왜 3개 또는 5개일까요? 홀수로 놓으면 활동적으로 보이기 때문이에요. 짝수로 좌우 대칭의 배치를 하면 딱딱한 느낌이 들어요. 거실은 쉬는 공간이므로 느긋한 분위기를 낼 수 있는 좌우 비대칭이 안정적입니다.

POINT

쿠션은 3개가 좋다

BEFORE

쿠션은 1개만

1개만 있으면 쓸쓸해 보인다. 좌우 대칭으로 두면 딱딱한 인상을 준다.

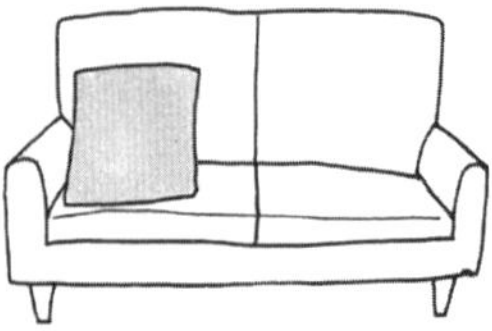

AFTER

소파 좌우에 2개, 1개로 둔다

좌우 비대칭으로 두면 느긋한 분위기를 연출해 편하게 쉴 수 있다.

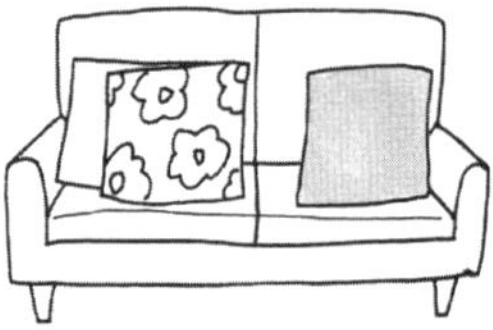

3개 중 하나에 임팩트를 준다

3개 중 2개는 흰색, 베이지, 회색, 갈색 같은 기본 색으로, 나머지 하나로 계절감이나 임팩트를 주면 세련되어진다.

3개 중 하나에 임팩트를 준다

3개 중 2개는 흰색, 베이지, 회색, 갈색 등의 베이직한 색을 고르고 나머지 1개는 조금 임팩트 있는 색깔로 바꿔보세요. 무늬가 있는 것도 좋겠네요. 그러면 금방 세련된 느낌이 날 거예요.

만일 가능하면 이 하나를 계절별로 바꿔보세요. 인테리어로 계절감을 표현하려면 힘들어요. 그러니 비교적 간편한 쿠션으로 계절감을 나타내는 걸 추천합니다.

쿠션은 직접 피부에 닿는 물건이니 색 뿐만 아니라 소재에도 신경을 써 보세요. 예컨대 봄에는 면, 여름에는 마, 가을에는 벨루어, 겨울에는 울을 추천합니다.

일반적인 쿠션의 사이즈는 40cm×40cm, 45cm×45cm이고, 작은 사이즈는 40cm×30cm예요. 하나 정도는 작은 사이즈를 겹쳐 놓으면 센스가 있다는 느낌을 줍니다.

쿠션은 주로 프랑프랑(Francfranc), 자라 홈(ZARA HOME), 액터스(ACTUS), 이데(IDEE), 이케아(IKEA) 등에서 구입해요. 모두 온라인 숍이 있으니 한번 체크해 보세요.

잠시 여담입니다만, 동양의 디자인은 좌우 비대칭을 선호해요. 좌우 대칭이 아니라 균형이 약간 깨진 좌우 비대칭을 기분 좋게 느끼는 것은 동양의 독특한 감성이라 할 수 있어요. 서양 건축물의 예를 보면 알 수 있어요. 베르사유 궁전과 정원에서도 알 수 있듯이 대부분 균형 잡힌 좌우 대칭이에요.

반면에 동양의 정원은 좌우 비대칭이 많아요. 어딘가 어긋난 곳에서 아름다움을 느끼는 거죠. 약간 흐트러진 느낌이 드는 것에 마음이 끌리는 것. 그것은 동양의 미의식과 관련되어 있는 것 같아요.

삼각형의 법칙으로 1분 만에 디스플레이를 완성한다

센스가 빛나는 배치에는 법칙이 있다.
이것만 알면 물건을 사는 것도 두렵지 않다.

잡화점에서 첫눈에 반한 장식품, 멋진 꽃병, 여행지에서 발견한 귀여운 소품을 막상 꾸미려고 놓아보면 도저히 이렇다 할 느낌이 오지 않습니다. 각각은 귀여운데 함께 진열하면 통일감 없이 제각각인 느낌이 들지요. "가게에서 본 이미지와 전혀 다르다!"라고 느낀 적 없나요?

물건을 멋있게 장식하는 것은 쉬운 일은 아닙니다. 실제로도 어떻게 하면 좋은지 자주 상담을 받곤 해요. 소품을 센스 있게 꾸미는 법칙. 그건 삼각형만 생각하면 돼요.

포인트는

① 키가 '높은, 중간인, 낮은' 아이템을 3개 선택한다.

② 이 3개가 삼각형이 되도록 놓는다.

이렇게 놓으면 균형이 잘 잡혀서 실패하지 않아요.

삼각형이 되도록 높이가 다른 물건을 선택하는 것이 중요해요. 같은 높이를 진열하면 밋밋해지니까요. 아무리 귀여운 잡화나 소품이라도 옆에 이것저것 나란히 늘어놓는 것은 좋지 않아요. 단조로워져 멋이 없고 어수선하게 느껴져요.

그리고 하나만 장식하는 것도 좋지 않아요. 하나만 있으면 당돌한 느낌이 들기도 하고 덩그러니 외로운 느낌도 들지요. 장식할 때 아이템은 3개가 가장 좋아요.

"이론은 알겠는데, 어떤 아이템으로 삼각형을 만들어야 되는 거야?"라고 생각하실 거예요. 추천하는 3종 세트를 소개해드릴게요.

그것은 꽃병, 사진 액자, 소품이에요. 삼각형의 정점은 가장 키가 큰 꽃병. 2번째 높이가 사진 액자. 가장 키가 작은 소품. 고중저 3개를 잘 조합하면 예쁜 삼각형이 됩니다.

그리고 테마를 정하면 아이템을 고르기 쉬워져요. 통일감이 생기고 센스도 빛을 발하지요.

테마와 삼각형의 예를 들어보겠습니다. 참고해 보세요.

테마 <여행의 추억>

프랑스 여행이라면

고 '큰 촛대'

POINT

고 · 중 · 저 아이템으로 삼각형을 그린다

BEFORE

외로운 느낌 / 어수선하다

좋을 것 같아서 장식한 아이템도 하나만 있으면 외로운 느낌이 든다. 너무 많이 나열하면 카오스 상태가 된다.

▼

AFTER

삼각형만 의식하면 된다

삼각형을 그리듯 배치하면 물건이 정돈된다. 이렇게만 하면 디스플레이도 실패하지 않는다.

중 ‘여행 사진을 넣은 액자’

저 ‘에펠탑 장식품’

테마 <봄>

고 ‘연한 분홍색 꽃을 꽂은 꽃병’

중 ‘벚꽃 엽서를 넣은 액자’

저 ‘나비 장식품’

테마 <바다>

고 ‘등대를 모티브로 한 장식품’

중 ‘조개껍데기를 넣은 병’

저 ‘파란색 캔들 글라스’

테마 <할로윈>

고 ‘오렌지색 꽃’

중 ‘귀신 장식품’

저 ‘작은 호박’

테마 <크리스마스>

고 '큰 촛대'

중 '빨강과 녹색의 꽃 장식물'

저 '산타 장식품'

누군가의 집에 초대받았을 때 현관을 들어서자마자 이런 장식 코너가 있으면 기분 좋지 않을까요? 대접 받는 기분이 들겠지요? 집에 있는 물건으로 삼각형이 되도록 꼭 한 번 장식해 보세요.

같은 물건을 나란히 3개 놓는다

“

같은 물건을 나란히 놓기만 해도
금방 세련된 분위기로 변한다.
3은 마법의 숫자!

”

법칙 7에서는 삼각형 법칙으로 물건을 센스 있게 장식하는 방법을 소개했습니다. 하지만 "어떻게 조합할지 생각하는 게 어려워요"라거나 "우리 집에는 귀여운 꽃병 같은 게 없어요"라고 말하는 분도 많을 거예요.

그래서 삼각형의 법칙보다 더 간단한 법칙을 소개하겠습니다. 그것은 같은 물건을 3개 장식하는 거예요. 개수가 3이라는 것이 포인트예요. 하나면 덩그러니 외롭고, 두 개는 좌우 대칭이 되어 너무 정돈된 느낌이 들어요.

하지만 같은 물건을 3개 장식하면 리듬감이 생기고 활동성이 느껴집니다. 이 활동성이 생기는 최소한의 수가 3입니다. 균일가 숍 등에서 구입할 수 있는 작은 꽃병의 경우라면 같은 것을 3개 구입해 보세요.

벽에 뭔가를 장식하는 경우에도 3장씩 해 보세요. 그림의 경우, 작은 사이즈 하나만 장식하면 좀 쓸쓸한 분위기가 나지요. 그렇다고 주연급의 큰 그림을 장식하자니 용기가 조금 필요하고요. 쉽게 결정을 하지 못해 결국에는 그대로 내버려

두는 경우가 많을 거예요.

그림 2장을 장식하면 좌우 대칭으로 균형이 잡혀 안정감은 있지만 딱딱한 분위기가 됩니다. 집에서는 조금 더 편안한 분위기를 만들고 싶은 게 당연해요. 그래서 안성맞춤인 것이 역시 3장. A4 사이즈나 엽서 크기의 그림을 3장 나란히 장식해보세요.

좋아하는 잡지에서 오린 것이나 아이가 그린 그림, 엽서 같은 것도 괜찮아요. 계절마다 바꾸어도 좋아요. 같은 물건 3개를 진열하는 법칙을 활용하면 "어떻게 진열할까?", "무엇을 진열할까?" 같은 어려운 고민은 하지 않아도 돼요.

같은 크기의 물건을 3개 준비해 그냥 진열하기만 하면 됩니다. 그렇게만 해도 집이 세련된 분위기로 바뀔 거예요.

POINT

같은 물건을 3개 나란히 놓는다

BEFORE

같은 물건을 하나 또는 2개 장식한다

하나만 있으면 왠지 쓸쓸하다.
두 개면 좌우 대칭으로 지나치게 정돈된 인상을 준다.

AFTER

같은 물건을 3개 장식한다

리듬감이 생겨 활동적인 느낌이 난다. 어떤 아이템을 어떻게 나열할 것인지 생각하지 않아도 되는 가장 간단한 장식법.

물건이 너무 많을 때는 색이나 소재로 그룹을 만든다

"

얼핏 취향이 달라보여도 통일감이 생겨
실패없이 정리할 수 있다.

"

지금까지 삼각형의 법칙, 같은 물건을 3개 진열하는 법칙에 대해서 설명했어요. 하지만 애초에 물건이 너무 많아 아이템을 줄일 수 없고, 지금껏 맥락 없이 물건을 사들여 어떤 것을 조합하면 좋을지 모르겠다는 분도 많을 거예요.

그럴 때 사용하는 것이 '색'과 '소재'로 그룹을 나누는 법칙이에요. 물건을 흰색, 갈색, 파란색, 녹색 등 색깔별로 나눕니다. 물건을 나무, 유리, 금속 등 소재별로 나눕니다. 그리고 그 그룹 안의 아이템으로 장식해보세요.

이때 법칙 7의 삼각형의 법칙을 기억하면 좋겠지요. 고저차가 있는 3개의 아이템으로 정리하면 균형이 잡혀요. 그리고 같은 소재를 모아 그 중에서 색깔별로 나누면 한층 통일감이 더해져요.

요점은 물건에서 공통점을 찾아내는 것. 이것이 중요합니다. 얼핏 보기에 취향이 완전히 다른 것, 예컨대 동양 소품과 서양 소품도 색이나 소재가 가까우면 균형감 있게 꾸밀 수 있어요.

의외의 조합을 균형감 있게 꾸밀 수 있다면 아주 세련된 분위기를 연출할 수 있어요. 하지만 의외의 조합이란 사실은 전혀 의외의 것이 아니라 '색'과 '소재'라는 공통점이 있는 것이죠.

또한 작은 것을 진열할 때는 트레이를 사용하는 것도 추천해요. 트레이 위에 소품을 놓으면 어지러운 느낌이 완화되고 정돈되어 보여요.

여러분도 가지고 있는 물건을 꼭 한번 그룹으로 나눠보세요. 의외의 조합을 발견하게 될지도 모릅니다.

POINT

공통점을 찾아 그룹을 만든다

BEFORE

맥락이 전혀 없는 물건들

사진, 여행 기념품, 동양 소품, 서양 소품, 향수, 병…….
마치 카오스 상태.

▼

AFTER

색이나 소재로 그룹 나누기

같은 색으로 맞추거나 같은 소재로 맞추면 금방 통일감이 생긴다. 물건에서 공통점을 찾아내 그룹화해 장식하면 된다.

색깔은 3가지 색으로 정리한다

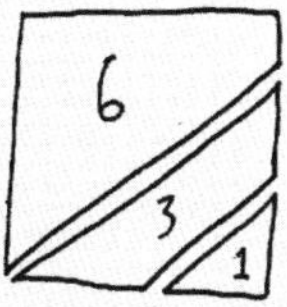

“

바닥이나 벽의 색에 가구 색을 맞추면
깔끔하게 방이 정돈된다.

”

여기서는 색을 사용하는 방법에 대해 이야기하겠습니다. 여러분도 색이 중요하다는 건 이미 알고 있을 거예요. 정말이지 색깔은 매우 중요한 요소입니다.

이를테면 입고 있는 옷의 색에 따라 밝은 사람으로 보이기도 하고 수수한 사람으로 보이기도 하고 차분한 사람으로 보이기도 하지요. 배색이 그 사람의 인상을 좌우하잖아요.

집도 마찬가지예요. 집에 색이 너무 넘치면 아무래도 어수선하고 안정감 없는 방이 되지요. 인테리어 잡지에는 '컬러풀하지만 센스 있게 정돈되어 있는', '개성적인 배색이 멋있는' 등의 제목이 붙은 집이 소개되어 있어요. 하지만 그것은 고급 기술로 상당히 계산된 것입니다.

일반적으로 색이 늘어날수록 집을 깔끔하게 정돈하기는 힘들어져요. 초보자는 기본 3가지 배색부터 시작하세요.

집에 사용하는 색은 크게 나누어 베이스 컬러(base color, 기조색), 어소트 컬러(assort color, 배합색), 악센트 컬러(accent color, 강조색) 3가지입니다. 각각의 면적비를 6 : 3 : 1로 하면 균형 잡힌 배색이 된답니다.

3가지 색은 다음과 같은 기준으로 구분해 사용합니다.

베이스 컬러(60%)

→ 가장 면적이 넓은 색으로 바닥, 벽, 천장 등

어소트 컬러(30%)

→ 가구, 커튼 등

악센트 컬러(10%)

→ 쿠션이나 그림, 소품 등

일반적으로는 벽과 천장이 '흰색', 바닥이 '갈색 계열'인 방이 많은데, 이는 곧 베이스 컬러가 흰색과 갈색 계열 2가지 색으로 구성되어 있다는 거예요.

이럴 경우 가구색은 흰색이나 갈색 계열 중 하나에 맞추면 깔끔해요. 가구와 바닥의 색은 완전히 똑같지 않더라도 갈색과 진갈색 등 비슷한 계통의 색이면 괜찮아요.

POINT

집이 정돈되는 기본 3가지 배색

❶	❷	❸
베이스 컬러 (기조색)	어소트 컬러 (배합색)	악센트 컬러 (강조색)
질리지 않고 화려하지 않은 색	공간의 이미지를 결정하는 색	공간에 악센트를 주는 색
흰색 , 베이지 , 갈색	갈색 , 회색	녹색 , 빨강 , 오렌지
바닥 , 벽 , 천장	가구 , 커튼	쿠션 , 그림 , 소품
집의 60%	집의 30%	집의 10%

"식물은 하나의 색으로 치나요?"라는 질문을 자주 받는데, 식물의 그린은 자연의 색이라 모든 색과 잘 어울리기 때문에 3색에 포함시키지 않아도 괜찮아요.

바닥, 벽, 천장이나 가구는 쉽게 바꿀 수 없어요. 하지만 언제나 같은 색감과 같은 분위기라면 좀 지루하겠지요.

그럴 때는 소품이나 쿠션에 악센트 컬러를 활용해 보세요. 공간의 악센트가 되는 물건의 색을 바꾸면 인상도 확 바뀝니다. 예컨대 이런 식으로 악센트 컬러를 써보세요.

벽이 '흰색'이고 바닥이 '갈색'인 방의 경우

→ 악센트 컬러는 '노란색'. 노란색이 들어 있는 물건을 고르면 차분한 분위기 속에서도 밝고 건강한 인상을 줍니다.

벽과 바닥이 '둘 다 흰색'인 경우

→ 악센트 컬러는 '핑크'나 '검정&회색'. 핑크색으로 할 경우 귀여운 느낌을 주고, 검정&회색으로 하면 쿨하고 멋있어져요.

악센트 컬러를 정했다면 장식품을 고를 때 그 색이 들어 있는 물건을 고르면 실패하지 않습니다. 튀지 않고 잘 어울려요.

이것은 법칙 9에서 이야기한 물건에서 공통점을 찾는 개념과 마찬가지로 공통 색을 찾는 것이 포인트예요. 어쨌든 색을 고르는 것은 쉽지 않은 일입니다. 이 책 말미에 궁합이 잘 맞는 색의 조합을 정리한 표를 수록해 두었으니 참고하세요.

법칙 11 | 물건을 벽에 장식하는 법칙

벽은 여백이 90%
거기서부터
시작한다

“

이것저것 꾸미기를 좋아하는 사람이라면
덧셈보다 뺄셈을 기억하자.

”

일반적인 공간은 사방이 벽으로 둘러싸여 있기 때문에 어디를 봐도 벽이 눈에 들어옵니다. 그러므로 쉽게 분위기를 바꾸려면 바닥이나 천장보다는 단연 벽에 주목해야하지요.

벽 공간을 뭔가로 자꾸 채우고 싶어 하는 사람이 있어요. 그림, 달력, 포스터, 아이 상장, 장식 접시, 사진 등등. 이렇게 화려하게 꾸미는 분들이 항상 하는 말이 "너무 하얗기만 하면 삭막한 느낌이 들어서"입니다. 그 마음을 모르지는 않지만 그건 오늘로 졸업하세요.

예를 들어 요리 담을 때를 생각해 보겠습니다. 레스토랑에서 나오는 예쁜 음식은 식기에 반드시 여백이 있어요. 커다란 접시에 디저트가 아주 조금 놓여 있어 "엇, 이게 다야?"라고 느낄 때도 있을 정도입니다.

반면에 수북히 담은 요리는 조금 촌스러워 보여요. 접시에 여백이 있는 게 단연코 고급스럽고 보기에 좋지요. 실제로 요리를 담을 때 요리가 30%, 여백이 70%일 때 예쁘게 조화를 이룬다고 알려져 있어요.

벽도 같은 개념입니다. 제 경험상 가장 균형 있어 보이는 벽의 여백은 80%. 하지만 익숙하지 않은 사람에게는 "벽의 20%에 무엇을 장식할까?"가 어려운 일입니다. 그래서 과감히 덧셈이 아니라 뺄셈을 해야 해요.

우선은 벽에 장식된 물건을 모두 제거합니다. 그리고 그 중에서 "이것만큼은 꾸미고 싶다!"라는 것을 하나만 정하세요. 반려동물 사진, 좋아하는 풍경화, 산뜻한 포스터 등 좋아하는 것을 딱 하나만 고르세요. 비율로 말하면 여백이 90%예요.

거실 벽을 장식한다면 가장 간편하고 실용적인 아이템이 벽시계예요. 심플하고 세련된 시계는 거실에 악센트가 됩니다. 중앙에 덩그러니 걸기 보다는 벽의 좌우 중 한 쪽에 붙여 걸면 멋스러워요.

특히 입구에서 봤을 때 거실의 안쪽에 걸면 안정감이 생겨 세련된 느낌을 줍니다. 문이나 창문보다 높은 위치에 달면 숫자판이 더 잘 보여요.

시계가 아닌 다른 것을 벽에 장식할 때는 다음에 이야기할 법칙 12를 참고하세요.

법칙 12 | 물건을 벽에 장식하는 법칙

크기가 제각각일 때 라인을 정해 정리한다

"

크기가 다른 그림이나 사진, 포스터가 단번에 정리되고
외국 스타일로 방을 연출할 수 있다.

"

법칙 8에서 그림을 예로 들어 같은 사이즈를 3장 나열하자는 말씀을 드렸습니다. 하지만 여러분 중에는 그림이나 사진, 포스터를 많이 장식하고 싶어하는 사람도 있을 거예요. 그리고 '꾸미고 싶지만 갖고 있는 사이즈가 전부 제각각'이라는 분도 있을 것입니다.

외국 영화나 드라마에 나오는 멋있는 방에는 그림이나 사진이 가득 장식되어 있어요. 언뜻 보기에는 아무 법칙도 없이 어수선하게 장식되어 있는 것처럼 보이지만 왠지 멋있는 방. 한번쯤 꿈꾸게 되지요.

3개 이상의 사이즈가 제각각인 물건을 벽에 장식하려면 전문가적인 센스가 필요하다고 생각할 수도 있어요. 하지만 여기에도 법칙이 있으니 요령만 알면 간단합니다.

① 아래 라인을 맞춰 장식한다

액자 아래의 라인을 맞춥니다. 그림의 크기와 벽면의 넓이에 따라 달라지겠지만 간격은 5~10㎝ 정도로. 간격이 너무 벌어지면 느슨한 느낌이 드는데, 최대한 가까이 붙이면 실패하지 않아요.

② 중앙의 라인을 정해 장식한다

중앙의 라인을 정해 이것을 중심으로 장식합니다. 높이의 기준은 바닥에서 그림의 중심까지가 140~150㎝ 정도. 맞추고 싶은 라인에 마스킹 테이프로 표시를 해두면 예쁘게 꾸밀 수 있어요.

③ 윤곽선을 정해 장식한다

우선 윤곽선(outline)을 정하는 것이 포인트. 마스킹 테이프를 사용하면 간단합니다. 윤곽선에서 벗어나지 않도록 사진이나 그림을 장식하세요. 여러 작품의 복합체가 하나의 큰 그림처럼 보일 거예요. 장식한 후에는 마스킹 테이프를 떼어내세요.

③의 방법은 ①이나 ②보다 훨씬 멋있는 벽면을 만들 수 있으니 추천합니다. 마치 외국 드라마에 나오는 방처럼 될 거예요!

POINT

라인 하나를 정한다

아래 라인을 맞춘다

액자 아래의 라인을 맞춰 장식한다

중앙의 라인을 정한다

중앙의 라인을 정해 그것을 중심으로 장식한다. 바닥에서 그림의 중심까지는 140~150cm가 좋다.

윤곽선을 정한다

윤곽선을 정해서 그 선을 벗어나지 않도록 장식한다.

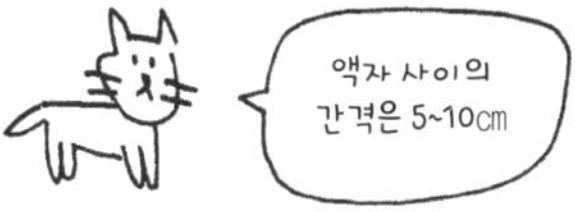

법칙 13 | 물건을 벽에 장식하는 법칙

아이 그림도
액자에 넣으면
멋진 작품이 된다

“

액자의 색이나 소재를 맞추면
미술관 같은 통일감이 생긴다.

”

그림이나 사진, 포스터 등을 여러 장 장식할 때는 액자에 넣으세요. 특히 사진과 포스터는 압정이나 마스킹 테이프로 고정하는 것도 좋지만 액자에 넣으면 훨씬 세련된 느낌을 줍니다. 아이가 무심코 그린 그림도 액자에 넣으면 화가가 그린 것처럼 보이니 꼭 한번 해보세요.(웃음)

이때 주목해야 할 것은 액자의 색과 소재. 이것이 제각각이면 통일감이 없고 촌스러워져요. 하지만 액자를 맞추면 정돈된 느낌이 들어 멋있게 보여요. 법칙 12의 '라인 맞추기'가 정확히 지켜지지 않아도 말이지요.

소재를 맞춘다는 개념은 액자뿐 아니라 그 어떤 물건을 장식하든 공통되는 법칙. 이것은 법칙 9에서도 말씀 드린 적이 있지요. 뭔가를 여러 개, 여러 장 장식할 때는 꼭 기억해두세요.

액자에는 이런 종류가 있어요.

· 소재 → 나무, 알루미늄, 플라스틱 등

· 색 → 흰색, 검정, 갈색, 진한 갈색, 실버, 골드 등

어떤 액자를 고르면 좋을지 고민스러울 때는 공간의 이미지를 먼저 떠올려보면 좋아요. 이를테면 이런 느낌이에요.

내추럴하고 깔끔한 공간
→ 소재는 '나무', 색은 '흰색'

쿨하고 모던한 공간
→ 소재는 '알루미늄', 색은 '검정', '실버'

클래식한 중후함이 있는 공간
→ 소재는 '나무', 색은 '진한 갈색', '골드'

모두 같은 색으로 맞추는 것이 무난하고, 2가지 배색으로 맞추면 수준이 한 단계 높아져요. 흰색과 실버, 검정과 골드 등 2종류를 혼합하면 세련되어 보여요.

저는 심플한 흰색과 검정 액자는 비교적 저렴한 가격의 니토리(NITORI)와 이케아(IKEA)에서 구입하고, 실버와 골드 액자는 앤티크풍으로 조금 좋은 것으로 갖고 싶어서 화구점이나 인터넷에서 구입합니다.

그림이나 포스터에 맞는 사이즈를 찾지 못하거나 기성제품 중에 마음에 드는 액자가 없는 경우에는 액자 전문점에서 액자를 골라 주문 제작할 수도 있어요. 좀 비싸긴 하지만 완성품은 당신만의 오리지널 액자. 그것을 거실의 주인공으로 만든다면 멋있을 거예요.

법칙 14 | 물건을 효과적으로 장식하는 법칙

무의식적으로 시선이 가는 골든 존을 노린다

"

75~135cm는 디스플레이가
빛나는 가장 효과적인 높이다

"

고객으로부터 자주 듣는 질문 중 하나가 “어느 정도의 높이에 물건을 장식하면 좋을까요?”입니다. 그 말에 대해 “평소에는 어떻게 하고 계시나요?”라고 물으면 대부분 “그냥 놓아요.”라는 대답이 돌아옵니다. 누누이 말씀드리지만 누구에게도 배운 적이 없으니 당연해요.

사람에게는 무의식 상태에서 눈에 가장 잘 들어오는 구역이 있어요. 그것은 바닥에서 75~135cm의 구역이에요. 이것을 ‘골든 존’이라고 하는데, 사람의 시선이 자연스럽게 멈추게 되는 높이예요. 숍이나 편의점에서는 가장 팔고 싶은 상품을 이 높이에 놓습니다.

이 골든 존을 방에도 도입해보세요. 예컨대 수납 선반 위에 물건을 둘 때 75~135cm의 골든 존에 가장 보여주고 싶은 물건을 두면 돼요.

그림이나 포스터의 경우는 140~150cm의 높이에 작품의 중심을 맞추는 것이 베스트. 미술관에 전시하는 그림의 높이가 바로 이 높이. 이것은 사람의 평균적인 시선 높이에서 산

출된 숫자예요.

다만 거실의 경우, 소파에 앉아 그림을 보는 경우도 있지요. 크기에 따라 달라지겠지만 조금 낮은 140㎝ 정도에 중심을 맞춰 장식하면 보기에도 편하고 안정적이에요. 현관, 복도 끝, 거실, 주방, 침실 등 여러 장소에서 응용할 수 있어요.

"이쯤이면 되겠지?"라며 별 생각 없이 놓으면 안돼요. 자로 확실하게 측정하세요. 조금 귀찮겠지만 장식했을 때의 정돈된 느낌과 아름다움이 완전히 달라져요.

심지어 여러 번 다시 해야 하는 수고를 생각한다면 한 번 확실하게 측정하는 게 훨씬 편해요. 딱 맞아떨어지는 쾌감을 느껴보세요!

POINT

골든 존에 배치한다

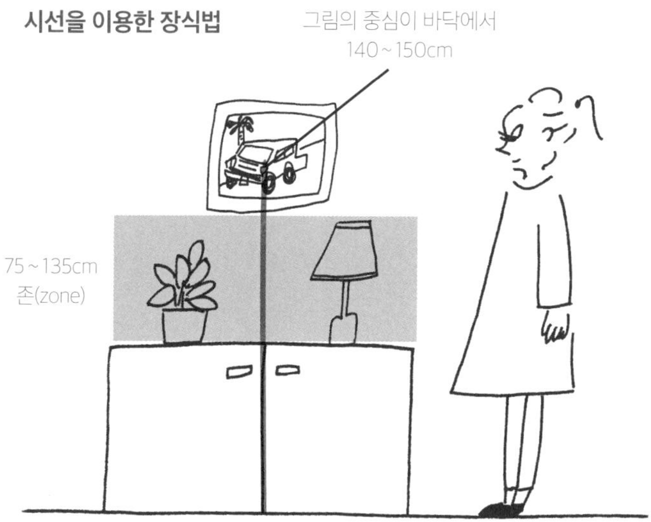

바닥에서 75~135cm 존은 자연스럽게 시선이 가는 높이. 선반 등에 물건을 장식할 때는 이 위치에 맞춘다. 그림과 포스터는 140~150cm 높이에 작품의 중심을 맞추는 것이 베스트. 시선이 모이는 존을 의식해 배치하면 효과적.

러그를 깔면 공간이 구분된다

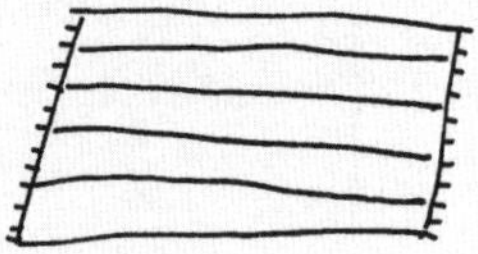

“

물건으로 공간을 나누지 말고
러그로 공간에 경계선을 만든다.

”

깔기만 하면 간단하게 방의 인상을 바꿀 수 있는 아이템. 그게 바로 러그입니다. 카펫과 비슷하지만 일반적으로 1.5평 정도의 크기를 러그, 방 전체에 까는 것을 카펫이라고 해요.

"러그가 꼭 필요한가요?"라는 질문을 종종 듣곤 하는데, 그 때마다 저의 대답은 예스! 꼭 활용해보았으면 하는 아이템이에요.

러그는 작아서 부담 없이 적용해볼 수 있고 디자인과 색상도 다양해요. 카펫은 모험을 하기 어렵지만 러그라면 여러 가지를 도전할 수 있어요. 그리고 뭐니뭐니 해도 방의 악센트가 되어 줍니다.

거실과 주방의 경우, 거실에 러그를 깔지 않는 것과 까는 것에는 어떤 차이가 있을까요? 깔지 않는 경우, 거실과 주방 두 공간은 구분이 없는 상태가 됩니다. 리듬감이 없고 단조로운 인상을 주게 되지요.

반면 거실에 러그를 깔면 두 공간 사이에 경계선이 생겨요. 그러면 거실은 '휴식 공간'으로 구분되면서 이것이 악센트가 되는 것이지요.

소파 앞에 러그를 깔면 누워서 TV를 보거나 바닥에서 아이와 놀 수도 있어요. 바닥에서 뒹굴거릴 수 있으면 훨씬 더 편히 쉴 수 있지요.

그 다음으로 자주 듣는 말은 "멋있어 보여서 깔고 싶지만 진드기나 알레르기 때문에 걱정이에요"라는 고민입니다. 서양에서는 집 안에서도 신을 신기 때문에 바닥에 대개 러그가 깔려 있어요. 러그에는 신발의 더러움이나 먼지를 제거하는 효과가 있기 때문이에요. 러그 덕분에 신발 소리도 나지 않아요.

하지만 신을 벗고 생활하는 동양권에서는 그다지 친숙하지 않고, '진드기의 온상이 되기 쉽다', '알레르기의 원인이 된다'라는 선입견을 가진 분이 많은 것 같아요.

요즘 주택이나 아파트는 대부분 바닥재로 마루를 사용해요. 마루는 청소하기 쉽고 깨끗하다는 이미지를 가지고 있지만 사실은 공기 중에 실내 먼지(꽃가루, 진드기 사체와 배설물, 반려동물의 털, 곰팡이, 세균 등)가 날아다니기 쉬워요.

알레르기 증상으로 힘들다면 러그를 꼭 써보세요. 러그를

POINT

러그로 공간을 구분한다

BEFORE

러그를 깔지 않을 경우

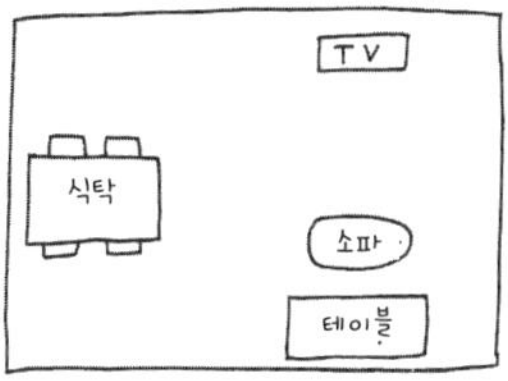

거실과 주방이 구분되지 않는 상태. 공간에 변화가 없어 단조로운 인상을 준다.

▼

AFTER

러그를 깔았을 경우

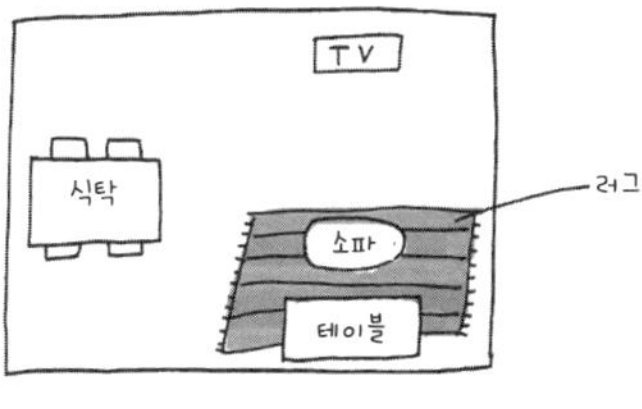

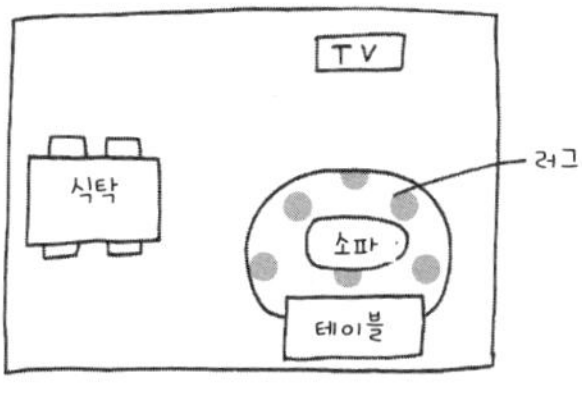

거실과 주방을 가구로 나누지 않고 러그를 활용한다. 거실이 휴식할 수 있는 공간으로 구분되고 악센트 역할도 한다.

깔면 실내 먼지가 잘 날리지 않는 효과가 있어요. 러그의 털이 실내 먼지를 붙잡아두기 때문입니다. 물론 그것을 제거하고 진드기가 생기지 않도록 부지런히 청소기를 돌리거나 습기 방지를 위해 햇빛에 말리는 등 관리가 필요하지요.

최근에는 '진드기 방지', '알레르기 방지'에 특화된 러그나 세탁기에 넣고 빨 수 있는 러그도 많아요. 로봇 청소기를 사용한다면 털이 길거나 두께가 있는 러그는 좋지 않아요. 너무 얇아도 말려서 불편하므로 두께가 2cm 이내인 '털이 짧은 러그'를 추천합니다.

커튼은 창 사이즈에 딱 맞게 만든다

"

의외로 커튼 사이즈가 맞지 않는 집이 많다.
그건 매우 큰 손해다.

"

커튼의 폭이나 길이가 창문 크기에 딱 맞나요? 짧거나 너무 길거나 폭이 맞지 않는 커튼을 이용하는 사람들이 꽤 많아요. 그럴 법도 합니다. 창문은 집집마다 크기가 다르니 이사할 때마다 커튼을 새로 사는 게 귀찮기도 하고 비용도 꽤 드니까요.

"사이즈가 맞지 않아도 값을 꽤 비싸게 주고 산 커튼이니 그냥 쓰지 뭐."
"치수 재기 귀찮아. 일단 이걸로 쓰자."

이런 여러분의 마음속 소리가 들리는 것 같네요. 하지만 패션을 생각해 보세요. 몸집이 큰 편인데 사이즈가 작아서 터질 것 같은 셔츠를 입는다면 그것이 아무리 고급 브랜드의 옷이라 해도 전혀 멋있게 보이지 않겠죠?

반면에 패스트 패션이라도 딱 맞는 사이즈를 입으면 깔끔하게 입었다는 인상을 줍니다. 커튼도 마찬가지예요. 반드시 사이즈를 재서 창문에 딱 맞는 커튼을 사용하세요. 201쪽에서는 커튼 재는 방법을 소개합니다.

왜 이렇게 사이즈를 고집하는 걸까요? 그것은 커튼이 방의 인테리어 수준을 보여주는 중요한 아이템이기 때문이에요. 아무리 센스있게 소품을 장식했어도 커튼 사이즈가 맞지 않으면 그 방은 촌스러워지고 아쉬움이 남는 공간이 된다는 것을 기억하세요. 그 이유는 면적이 크기 때문이에요. 그만큼 존재감이 크다는 거지요.

만일 도저히 정사이즈의 커튼을 준비하지 못하겠다면 면직물용 양면테이프로 길이를 조정하세요. 커튼에는 환히 비치는 레이스 커튼과 그 위에 겹치는 드레이프 커튼이 있어요. 2가지 모두 다는 것이 일반적입니다.

색이나 무늬는 어떻게 해야 할지도 고민스럽지요. 베란다나 정원과 접해 있는 창에는 높이 2m 정도의 커튼이 일반적이에요. 꽤 넓은 면이므로 색이나 무늬에 따라 방의 이미지가 확연히 달라지지요. 망설여질 때는 다음 중 어느 쪽을 원하는지 생각해보세요.

넓고 밝은 공간을 연출하고 싶다면 '흰색이나 베이지 커튼'

가족이나 손님이 모이는 장소, 특히 거실과 주방은 넓고 밝아 보이면 좋겠지요. 그러기 위해서는 흰색이나 베이지 계열이 좋아요. 공간을 넓고 환하게 만드는 효과가 있거든요. 망설여진다면 벽과 같은 색으로 하세요. 자연스럽게 공간과 동화될 거예요.

개성있게 만들고 싶으면 '무늬가 들어간 커튼'

개성있게 만들고 싶으면 대담한 색상이나 무늬가 들어간 것이 좋아요. 특히 침실이나 아이방처럼 사적인 공간에 추천합니다. 거실과는 다른 분위기를 즐길 수 있어요. 작은 창과도 잘 어울려요. 마치 벽에 그림이 걸려 있는 것처럼 보이거든요.

하지만 "색상이나 무늬를 고르기 어렵다!"라고 말하는 분도 많아요. 커튼을 고르는 포인트는 이미 방에 있는 것과 '공통된 색'이 들어간 커튼을 선택하는 거예요.

예컨대 침대 커버나 벽시계에 '빨강'이 들어가 있으면 무늬에 '빨강'이 들어간 커튼을 고르세요. 노란색이나 녹색 등 빨

POINT

커튼으로 공간의 인상을 바꾼다

거실과 주방

넓고 밝게 연출하고 싶은 공간에는 흰색이나 베이지 계열의 커튼을 다는 것이 좋다. 방과 동화되는 색으로 달면 넓게 느껴져 개방감이 생긴다.

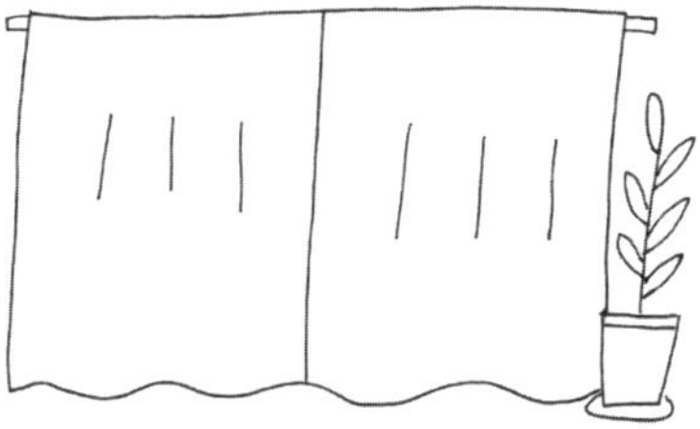

침실과 아이방

사적인 공간에는 대담한 색조나 무늬가 들어간 개성적인 커튼을 추천. 거실과 차별화해 변화를 줄 수 있다. 작은 창에 무늬가 들어간 커튼을 달면 한 폭의 그림처럼 보여 멋있다.

강 이외의 색이 들어가 있다고 해도 공통된 색이 들어가 있으면 튀지 않아요.

반대로 커튼 색을 가지고 장식할 그림이나 물건을 고르는 것도 좋아요. 이 법칙을 알고 있으면 커튼 선택에 실패하지 않아요. 대담한 커튼을 달면 훨씬 더 세련되어 보입니다. 커튼을 묶는 끈 같은 물건을 태슬(tassel)이라고 합니다.

태슬은 커튼과 같은 천으로 만드는 것이 일반적이지만 요즘은 적당한 가격에 멋있는 것들이 많이 나와 있어요. 나무나 유리, 조개껍데기를 조합한 것들도 있지요. 커튼과 이미지를 맞추면 세련된 창가를 만들 수 있어요.

꽃과 꽃병의 비율은
1대 1이
아름다워 보인다

“

그래도 어렵다면 줄기를 짧게 잘라
꽃이 꽃병에 얼굴만 내밀듯 만들면 된다.

”

꽃이 있는 삶, 아주 멋집니다. 꽃 한 송이만 있어도 집의 인상이 달라져요. 피곤한 몸을 끌고 직장에서 돌아왔을 때, 집안일로 녹초가 되었을 때, 육아에 쫓길 때. 방에 장식된 꽃을 보면 마음이 가볍게 치유되거든요.

법칙 5에서도 얘기했듯이 식물에는 생명력이 있어요. 아마 그 싱싱함 덕분에 바라보는 우리의 마음이 치유되는 것 아닐까요?

또한 꽃에는 정리 효과도 있어요. 모처럼 꽃이 생기면 조금이라도 더 예뻐보이도록 집을 정리하고 싶어지거든요. 가족들도 기뻐하기 때문에 저도 가능하면 늘 꽃을 장식하려고 한답니다.

하지만 꽃을 장식하는 데 어려움을 느끼는 분도 있을 거예요. 익숙해지지 않으면 어려워요. 간단한 꽃꽂이와 그 밖의 포인트들을 알려 드릴게요.

한 송이로 장식한다

가장 손쉬운 방법이에요. '꽃이 너무 비싸서'라고 생각할 수 있지만 한 송이는 2천 원 정도면 살 수 있어요. 한 송이만 꽂을 수 있는 꽃병은 균일가 숍에서도 구입할 수 있고요.

하지만 꽃병이 없더라도 컵, 잼이나 주스의 빈 병에 꽂아도 충분해요. 그런 것들이 오히려 편안한 느낌을 주어 제대로 된 꽃병보다 멋있어 보이기도 합니다.

'1주일에 한 송이'로 정하고 꽃이 있는 생활을 시작해 보는 건 어떨까요?

한 종류의 꽃을 여러 송이 장식한다

"더 화려하게 만들고 싶다."는 생각이 들면 한 종류의 꽃을 여러 송이 장식해보세요. 여러 종류의 여러 색을 섞으면 갑자기 조합이 어려워져요. 심플하게 분홍색 장미 5송이, 노란색 카네이션 3송이처럼 색과 종류를 줄이면 훨씬 쉬워집니다.

꽃다발은 나눠서 장식한다

뜻하지 않게 받은 커다란 꽃다발. 꽃꽂이가 서툴다는 이유로 사이즈도 맞지 않는 꽃병에 그대로 넣어버리는 일은 없나요? 일 년에 몇 번 있을까 말까한 기회. 새 꽃병을 구입하는

POINT

꽃과 꽃병의 비율에 주목

균형감 있는 꽃꽂이

꽃병과 꽃의 길이가 1대 1이면 균형감이 좋다. 잘 안된다면 꽃이 꽃병 입구에 얼굴만 내밀 정도로 줄기를 짧게 잘라 꽂으면 된다.

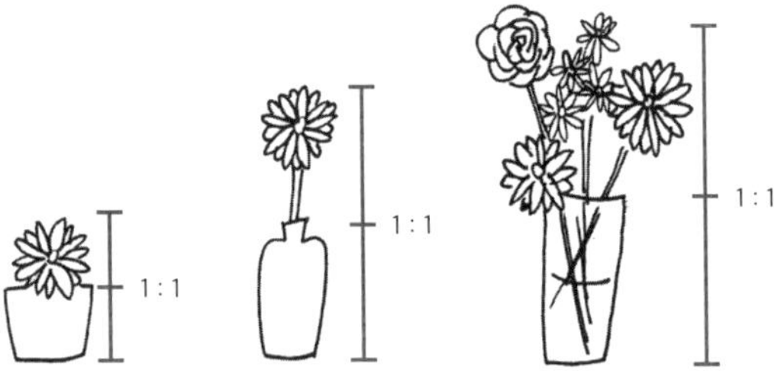

꽃꽂이하기 쉬운 꽃

카네이션, 거베라, 라넌큘러스가 꽃꽂이하기 쉽다.
한 송이로도 존재감이 있고 오래 간다. 시도해보기에 적합하다.

게 아깝기도 합니다. 큰 꽃병은 자리를 차지하기도 하고요. 그럴 때는 꽃다발을 작게 나누어 장식해보세요.

그것을 여러 장소에 두는 것도 괜찮고, 법칙 8처럼 3개를 나란히 놓는 것도 좋아요. 식탁 중앙에 키 큰 꽃과 키 작은 꽃을 나란히 놓으면 화려한 분위기를 연출할 수 있어요.

꽃을 사면 제일 먼저 할 일

꽃 주변의 잎을 2~3장 남기고 다른 잎들은 다 제거합니다. 이렇게 해두면 잎이 물에 잠겨서 썩는 것을 막을 수 있어요. 물이 더러워지지 않으면 꽃도 오래 갑니다. 잎이 넓게 퍼지지 않으니 꽃꽂이하기도 쉬워져요.

예뻐보이는 꽃과 꽃병의 비율

꽃병과 꽃의 길이를 1대 1로 하면 균형이 맞아요. 하지만 그것도 꽤 어려운 일입니다. 꾸미기에 서툰 사람을 위해 좋은 방법이 있어요. 꽃병 입구에 꽃의 얼굴만 나올 정도로 짧게 줄기를 잘라버리는 거예요. 그러면 꽃이 따로 놀지 않고 정리가 된답니다.

추천하는 꽃

초보자에게 추천하는 꽃은 카네이션, 거베라, 라넌큘러스. 오래 가고 꽃의 색이 다양해요. 그리고 한 송이만 있어도 화려해서 그림이 되거든요.

꽃은 거실 뿐만 아니라 현관이나 화장실, 침실 등 여러 장소에 장식할 수 있어요. 몇 만원씩 들여서 물건을 사는 것보다 몇 천원의 꽃을 사는 게 훨씬 부담이 없어요. 꼭 한번 꾸며보세요.

법칙 18 | 공간에 입체감을 더하는 조명의 법칙

메인 조명에 부분 조명을 더한다

“

한 공간에 여러 개의 조명이 이상적.
음영이 생겨 방이 넓어 보인다.

”

'조명은 어렵다.'

이것이 사람들의 일반적인 선입견인 것 같아요. 임대 아파트에 살고 있는 어느 부부의 집을 방문한 적이 있어요. 거실과 주방 천장에 원형의 창백한 조명이 설치되어 있었지요. 일반 가정에서 흔히 볼 수 있는 종류였어요.

집에 이런 종류의 조명만 두는 것은 별로 추천하지 않아요. 집 전체에 빛이 강하게 퍼지니 밝기는 하지만 그만큼 집이 밋밋해져서 삭막한 인상을 주거든요. 여기서 말하는 '밋밋하다'는 것은 새하얀 빛으로 균일하게 밝은 것을 뜻해요. 릴랙스 효과도 약해집니다.

편의점을 생각해보세요. 상품명이 잘 보이도록 하얗고 아주 밝은 조명을 씁니다. 하지만 결코 릴랙스할 수 있는 분위기는 아니지요. 그런 집이 되는 거예요.

실제로 이 부부는 "좋아하는 가구를 놓았는데도 왠지 집이 쓸쓸해 보여요. 편안히 쉴 수가 없어요."라고 말하더군요.

그래서 제가 제안한 것이 조명이었어요. 주방 쪽 조명을 펜던트 라이트로 바꾸고 전구는 노란빛이 도는 것으로 그리고 소파 옆의 사이드 테이블에 테이블 라이트를 놓았지요.

효과는 최고였어요. 새하얀 빛으로 눈부시던 방이 편안한 분위기로 변신했지요. "조명으로 이렇게까지 변하네요!"라며 좋아했어요.

네, 맞아요. 조명을 바꾸면 집이 확연히 달라진답니다.

조명의 포인트를 알려드릴게요.

① 전구 색에 주목

요즘은 LED 전구가 주류. LED 전구는 크게 나누어 '주광색', '주백색', '전구색' 3가지가 있는데 각각 다음의 특징이 있습니다.

· 주광색 : 푸르스름한 한색 계열의 색. 푸른기가 도는 색은 뇌를 냉정하게 유지하고 집중력을 높여준다고 알려져 있으며 일이나 공부를 하는 서재나 아이방에 적합합니다.

· 주백색 : 흰빛이 도는 내추럴한 빛. 태양에 가까운 자연스러운 색이므로 화장 등을 하는 세면실, 가까운 곳이 잘 보

여야하는 주방 등에 적합합니다.

· 전구색 : 노란빛이 도는 난색 계열. 안정감을 주는 색이므로 주방이나 침실에 적합합니다.

② 한 공간에 여러 개의 조명을 단다

공간에 하나의 조명이 아니라 여러 개의 조명을 조합해 배치합니다. 예컨대 메인 천장등 외에 테이블에 작은 라이트를 놓거나 바닥에 세우는 플로어 램프를 두면 빛의 음영이 생깁니다. 그러면 방에 입체감이 생기지요. 밋밋함의 반대라 할 수 있어요. 집이 넓게 느껴져요.

아이가 텔레비전을 보고 있을 때는 천장등으로 전체를 밝힙니다. 밤에 부부가 술을 마시며 여유롭게 대화를 나눌 때는 펜던트 라이트나 테이블 라이트만 켭니다. 그런 식으로 상황에 맞춰 여러 개의 부분 조명을 즐겼으면 좋겠어요.

여러 개의 조명이 무리라고 생각하는 사람에게는 가장 간편한 클립 타입의 스포트라이트를 추천합니다. 관엽식물 화분의 가장자리나 텔레비전 뒤쪽에 꽂으면 됩니다.

이 스포트라이트 하나만 추가해도 음영이 생겨 드라마틱한 공간이 만들어져요. 어렵다고만 생각하지 말고 꼭 한번 시도해보면 좋은 조명 아이템이에요.

소설가 다니자키 준이치로가 1933년에 발표한《음예예찬(陰翳礼讃)》이라는 수필이 있어요. 인테리어 스쿨에서 공부를 시작했을 때 선생님의 권유로 읽고 대단히 감명을 받은 작품이예요.

1933년은 일본인의 생활 양식이 서구화되어가던 시기입니다. 전기를 환히 켜고 밝은 것이 좋은 것이라 여기던 시대였지요. 작가는 그런 흐름을 한탄하며, 전기가 없던 시절의 일상 풍경이었던 장지문을 통해 새나오는 희미한 불빛과 방 안의 검은 그림자, 그 음영에 전통의 아름다움이 있다고 말하고 있어요.

빛과 그림자. 현대의 조명을 생각할 때도 역시 중요한 포인트입니다.

POINT

메인 조명 이외의 조명을 설치한다

BEFORE

일반적인 공간

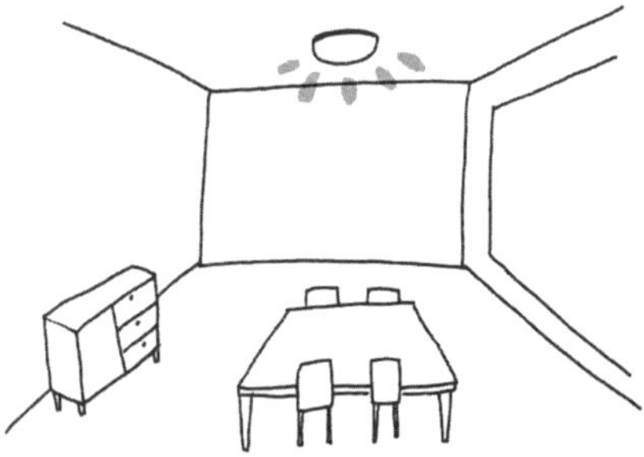

원형의 천장등이 하나. 이것만 있으면 밋밋하고 쓸쓸한 느낌이 든다.

▼

AFTER

한 공간에 여러 개의 조명을 만든다

메인 외에 여러 개의 조명을 조합한다. 빛의 음영이 생겨 입체적으로 보인다. 안길이가 느껴져 공간이 넓어 보인다.

책꽂이를
인테리어 요소로
활용한다

"

'책이 많아 고민'이라면
책 그 자체를 인테리어로 만든다.

"

전자책이 많아졌다고는 하지만 책이 많아서 힘들다는 집도 많아요. '센스있는 책장을 만들고 싶다'는 요청도 자주 들어 오지요. 저희 부부도 모두 책이 많아요. 매달 구독하는 인테리어 관련 잡지, 여행지에서 구입한 외국 서적, 매달 사게 되는 단행본 등 책은 늘어나기만 하지요.

하지만 책이 있는 공간은 주인의 개성을 드러낼 수 있어 좋은 것 같아요. 책을 두는 법, 장식하는 법에 따라 평범한 책장도 멋진 책장이 될 수 있답니다.

다음 단계를 참고하여 센스있는 책장을 만들어보세요.

① 책의 양을 파악한다

유감스럽게도 책을 수납할 수 있는 공간에는 한계가 있어요. 책꽂이에서 모두 꺼내 양을 확인하고 불필요한 책은 과감히 처분하세요.

② 종류를 나눈다

잡지, 외국 서적 등의 큰 책, 문고, 단행본 등 사이즈와 장

르별로 나눕니다.

③ 수납 장소를 정한다

상단 : 평소 읽을 기회가 별로 없지만 꼭 간직하고 싶은 책을 넣습니다.

중간 ~ 하단 : 좋아하는 책이나 꺼내 읽는 빈도가 높은 잡지와 책을 넣습니다. 추억이 담긴 앨범은 하단에 넣으면 좋겠지요.

④ 책의 높이를 맞춘다

책을 선반에 정리할 때 높이가 맞지 않으면 들쭉날쭉해 어수선한 인상을 줍니다. 되도록 책의 높이를 맞추세요.

⑤ 커버를 벗긴다

색이 너무 눈에 띈다면 과감히 커버를 벗깁니다.

⑥ 빈틈이 많은 단에는 북엔드를 사용한다

권수가 적으면 쓰러지기 쉽습니다. 그럴 때는 북엔드를 쓰세요. 검은색 보다는 흰색이나 회색 북엔드를 추천합니다.

POINT

수납하는 책꽂이에서 보여 주는 책꽂이로

높이를 맞춘다

책의 높이가 맞지 않으면 어수선하다. 문고판은 문고판끼리 정리하는 등 되도록 높이를 맞춰 진열한다.

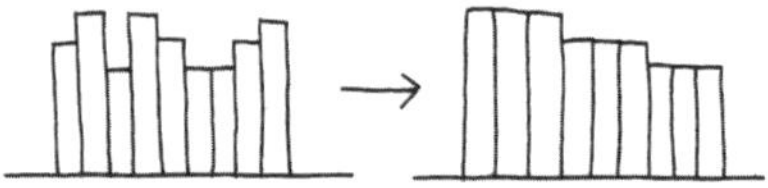

책의 커버를 벗긴다

색상이 많으면 복잡하게 보인다. 커버 색이 너무 눈에 띄면 커버를 벗긴다.

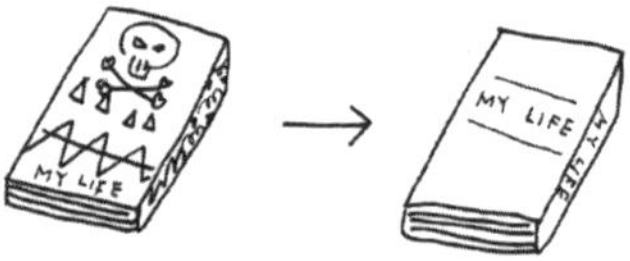

북엔드를 사용한다

권수가 적은 단에는 북엔드를 사용해 의도적으로 빈 공간을 만든다. 소품이나 관엽식물을 장식해 디스플레이 코너로. 여유가 느껴져 세련되어 보인다.

⑦ 빈 공간에 디스플레이한다

북엔드를 이용해 빈 공간에 작은 관엽식물이나 잡화 등을 디스플레이해보세요. 멋진 장정본이나 외국 서적 등은 표지가 보이도록 두는 것도 추천합니다. 어딘가 한 곳에 그런 '여유'를 만들어보세요. 단순히 책을 수납하는 선반에서 인테리어가 되는 책장으로 바뀝니다.

⑧ 두께가 없는 것은 파일에 넣는다

두께가 없는 책이나 잡지는 쓰러지거나 휘어집니다. 클리어 파일에 넣어 하단에 수납하면 깔끔해져요.

어떤가요? 아주 약간만 아이디어를 내면 센스있는 책장이 됩니다. '책이 많아서 힘들다'는 스트레스에서 '책을 인테리어로 만든다'는 발상으로 바꿔보세요. 분명 지적이고 세련된 공간이 될 거예요.

법칙 20 | 사진을 센스있게 장식하는 법칙

흑백 사진으로 갤러리 분위기를 만든다

"

흑백은 어떤 방에도 잘 어울리며
아마추어가 찍은 사진도 근사한 분위기를 연출한다.

"

"그림보다는 사진으로 장식하는 게 좋아요!"라고 말하는 분도 있어요. 결혼식 사진이나 만삭 사진, 아이 사진, 여행의 추억 등 지나온 인생을 느낄 수 있는 사진을 장식하는 것은 세상에 하나뿐인 것이니 매우 멋집니다. 프로 사진가가 찍은 박력 있는 사진이나 섬세한 사진도 좋지요.

하지만 색이 선명하면 방이 어수선해 보이기 쉽다는 것이 마이너스 포인트. 실제로 고객의 집을 방문해보면, 장식된 사진 자체는 아주 좋은데 공간과는 썩 어울리지 않는 경우도 있어요. 그래서 저는 흑백사진을 추천해요.

흑백사진은 컬러사진과 달리 색이 사용되지 않는 만큼 튀지 않아요. 심플하기 때문에 어떤 방과도 어울린다는 것이 장점입니다. 어떤 액자든 상관없어요. 만일 마음에 드는 흑백사진이 없다면 자신이 촬영한 사진을 흑백으로 변환해보세요.

이전에 어느 부부 고객에게 거울과 몇 개의 액자로 벽을 장식하는 제안을 한 적이 있어요. 액자에 무엇을 넣을까 생각하다가 떠오른 것이 사진을 흑백 가공하는 것이었지요.

신혼여행의 풍경, 두 사람의 뒷모습, 귀여워하는 고양이 사진 등을 골랐어요. 데이터를 받아 컴퓨터로 흑백 변환하고 A3와 A4 사이즈로 출력한 것을 액자에 넣어 보내드렸어요. "마치 갤러리 같아요!"라며 아주 좋아했습니다.

풍경이나 가족 사진 등 컬러풀한 사진의 경우 힘들게 장식해도 어수선한 느낌을 주기 쉬워요. 그것을 흑백으로 만들면 단숨에 멋진 아트로 변합니다. 돈을 들이지 않고도, 아마추어가 찍은 사진이라도, 포토제닉한 사진이 된답니다.

액자에 넣어 여러 장을 장식하면 더욱 센스있게 보일 거예요.

제3장

세련되게 꾸미는 장소별 인테리어 법칙

20가지 인테리어 법칙을 활용해
장소별로 더욱 구체적인
집 인테리어 고민을 해결해드립니다

장소별 인테리어 법칙 ❶

세련된 거실과 주방

이 장에서는 제2장에서 소개한 법칙을 토대로 하여 공간별로 살펴봅니다. 먼저 거실과 주방입니다. 거실은 가족이 가장 많이 모이는 장소이므로 모두가 편하게 쉴 수 있는 것이 중요해요. 또한 손님이 와서 많이 머무는 곳이므로 접대 기능도 겸비하면 좋겠지요.

'멋진 곳', '편한 공간'이라는 인상을 주기 위해서는 문을 열었을 때 무엇이 보이는가? 방 안에 들어가 소파나 식탁 의자에 앉았을 때 무엇이 보이는가? 이 '무엇이 보이는가'를 의식하는 것이 중요해요.

제2장의 법칙 1에서 말했듯이 입구에서 볼 때 대각선상의 공간에 시선이 가장 많이 머물러요. 우선은 이 공간에 포컬 포인트(보이고 싶은 것)를 만드세요.

▷ 현관에서 TV가 보이지 않도록 한다

여러 집을 보면서 느낀 점은 가장 좋은 장소에 텔레비전이 놓여 있는 경우가 많다는 것이었어요. 이건 굉장히 안타까운 일이에요.

텔레비전은 전원이 켜져 있지 않으면 그냥 검은 덩어리일 뿐이에요. 현관에 들어서서 대각선상에 텔레비전이 있으면 방 전체의 인상이 무겁고 차갑게 느껴지지요.

입구에서 본 대각선상에는 텔레비전이 아니라 소파를 두는 편이 훨씬 세련되어 보입니다. "다녀오셨어요?", "어서 오세요"라며 환영하는 분위기를 연출하지요.

콘센트 위치가 한정되어 있다면 연장 코드를 쓰는 방법도 있어요. 그래도 움직일 수 없는 경우에는 텔레비전이 아니라 '다른 물건'에 시선이 가도록 만드세요.

TV 장식장 옆에 큼직한 관엽식물을 두거나 천장에 식물을 매달아 늘어뜨리거나 벽에 그림을 장식하는 것도 추천해요. 식물이나 그림에 시선이 가도록 장식하면 무거운 느낌이 완화된답니다.

아무튼 거실의 가장 좋은 자리에 더 이상 텔레비전을 두지 마세요. 그게 무리라면 텔레비전 주위를 꾸미세요. 이렇게만 해도 훨씬 세련된 거실이 될 거예요.

▷ 소파를 '천'으로 덮는다

거실에서 큰 면적을 차지하는 소파에는 천을 덮어보세요. 그것만으로 멋진 분위기가 될 거예요. 소파가 오염되는 것을 막을 수 있고, 무엇보다 새 소파로 바꾼 것 같은 기분을 느낄 수 있어요.

포인트는 천을 딱 맞게 덮는 게 아니라 푹신한 느낌으로 전체에 걸치는 거예요. 주름이 약간 잡히는 게 더 세련된 느낌을 주지요. 테이블 크로스, 침대 시트, 침대 커버, 뭐든 좋지만 소파 전체를 덮는 큰 사이즈의 천이어야 해요.

컬러는 베이지나 그레이를 추천합니다. 어떤 공간과도 잘 어울리고, 거기에 컬러풀한 쿠션을 여러 개 놓으면 소파가 금방 화려해져요.

▷ 벽시계는 '오른쪽 혹은 왼쪽'으로 붙여 건다

벽시계는 벽의 어느 위치에 장식되어 있나요? 벽 중앙? 오른쪽 끝? 왼쪽 끝? 제 경험으로는 한가운데 장식되어 있는 집이 대부분이에요. 그 이유를 물어보면 '어디서든 잘 보이도록' 그렇게 했다는 답변이 90%입니다.

벽시계는 벽의 한가운데에 우두커니 있는 것보다 오른쪽이나 왼쪽으로 붙여야 균형감 있어요. 입구에서 볼 때 안쪽에 있으면 더욱 안정감이 생깁니다. 높이는 문이나 창문보다 조금 높은 위치에 달면 보기 쉬워요. 일반적인 넓이라면 안쪽에 시계가 있어도 대부분 잘 보이므로 안심하세요.

▷ '식물'이나 '그림'을 장식하면 그럭저럭 해결된다

"무엇을 장식해야할지 모르겠다!"라며 포기한 사람에게는 관엽식물이나 그림을 추천합니다. 이것을 두면 그럭저럭 해결됩니다. 그림 대신 사진이나 포스터도 괜찮아요. 아이의 그림을 액자에 넣으면 사랑스럽고 그럴듯해집니다.

이것을 거실과 주방의 포컬 포인트, 즉 입구의 대각선상에 놓아보세요.

▷ 커튼은 '튀지 않는 것'이 관건

거실과 주방은 가족과 손님들이 모이는 장소. 누구나 조금이라도 더 넓고 밝게 보이고 싶어합니다. 공간이 넓어 보이기를 원한다면 커튼은 흰색이나 베이지 계열로. 튀지 않는 색이 공간과 잘 동화됩니다. 색이 좀 허전해 보인다면 난이도가 높은 커튼이 아니라 쿠션이나 소품으로 악센트를 주면 실패하지 않아요.

▷ 식탁의 의자는 맞추지 않아도 된다

"식탁과 의자 4개를 세트로 구입했어요"라고 말하는 분들이 많습니다. 이럴 경우, 테이블과 모든 의자가 맞춰져 있으니 '차분한 인상'을 주지요. 하지만 '꼭 맞춰야 한다'는 법칙은 없어요.

테이블과 의자의 소재나 디자인이 다르면 '캐주얼하고 세련된 인상'을 줍니다. 이를테면 유리 테이블에 나무 의자를 조합해도 멋있어요. 차분한 인상이든, 캐주얼한 인상이든, 취향에 맞게 고르면 돼요. 의자의 디자인이 모두 달라도 괜찮아요. 4개 중 2개씩 다른 의자를 놓는 것도 좋아요. 마치 카페 같은 공간이 된답니다.

하지만 갑자기 도전하는 게 조금 어려울 수도 있어요. 그럴 때는 디자인은 같고 원단의 색이 다른 의자를 고르는 것이 좋아요.

▷ 주방의 조명은 낮게 단다

"환한 게 좋다"라며 주방도 거실도 같은 조명을 다는 분이 많을 거예요. 하지만 저는 큰 소리로 말하고 싶어요! 주방에는 펜던트 라이트(매다는 타입)를 설치하는 것이 최고라고 말입니다.

일반적으로 주방에는 실링 라이트(원형의 천장등)를 다는 경우가 많아요. 그렇게 되면 거실과 똑같아져서 공간이 희고 밋밋한 인상이 되어 버려요.

펜던트 라이트로 빛의 고저차를 만들면 공간에 변화가 생겨 훨씬 세련된 느낌을 줍니다. 디자인도 예뻐서 불을 켜지 않아도 방을 장식하는 아이템이 되지요.

전구는 전구색을 추천합니다. 노란빛이 도는 따뜻한 불빛이 요리를 맛있게, 그리고 식탁에 둘러앉은 사람의 얼굴을 아름답게 비춰주거든요. 드라마틱한 공간을 연출해 줍니다.

일반적으로 적절한 높이는 테이블에서 펜던트 라이트의 하부까지 거리가 60~80cm. 상당히 높게 달려 있는 집이 많은데, 그러면 빛이 확산되어서 원래 비춰야 할 테이블 면이 어두워져요.

"식사 중에 머리가 부딪치지 않을까?"라고 걱정하시는 분이 있는데, 표준 사이즈의 라이트라면 괜찮아요. 지금까지 인테리어를 맡은 집에서는 65~75cm로 한 경우가 많았어요. 꼭 한 번 높이를 확인해보세요.

펜던트 라이트 다는 법

장소별 인테리어 법칙 ❷

세련된 침실

침실은 사적인 공간입니다. 그래서 키워드는 '릴랙스'. 기분좋게 잠자리에 들고 개운하게 눈 뜰 수 있는 공간. 누구나 원하는 침실입니다. 쾌적하게 지낼 수 있는 배치와 약간의 아이디어를 알려드릴게요.

▷ 호텔 방을 참고하라

호텔방을 떠올려 보세요. 침대가 어떻게 배치되어 있나요? 대부분의 호텔은 침대 머리가 벽 쪽에 오도록 배치되어 있어요. 창과 맞닿지 않도록 되어있어요. 머리를 창 쪽으로 두면 창에서 들어오는 냉기 때문에 춥거나 아침 햇살이 눈부셔서 숙면을 취할 수 없기 때문이에요.

만일 머리 쪽에 창이 오도록 침대를 배치했다면 지금 당장 바꿔보세요. 안정감이 생겨 차분해질 거예요.

침대 머리를 벽에 붙였다면 그 위에 그림이나 포스터 등 뭔가를 장식해보세요. 간단히 포컬 포인트를 만들 수 있어요. 호텔 방에도 침대 머리 위에 그림이 장식되어 있지요.

▷ 침대에 천 1장만 걸쳤을 뿐인데

침대 주위에는 여러 종류의 천이 있는데, 제가 추천하는 아이템은 침대 커버예요. 침대 커버란 이불 위에 걸치는 큰 천을 말해요. 먼지를 방지하는 역할을 하지요. 하지만 무엇보다 살짝 걸쳐놓기만 해도 방의 악센트가 된답니다. 호텔 침대에도 침대 커버가 있는 경우가 있어요.

시트나 이불 커버가 흰색이나 베이지처럼 심플한 무지라면 이 침대 커버로 색을 더하세요. 실패 없이 침실이 화려해질 거예요.

이케아(IKEA) 같은 인테리어 숍에서도 판매하고 있고, 정식 침대 커버가 아니라도 큼직한 천이면 다 괜찮아요. 이불이 보이면 생활감이 너무 드러나잖아요. 특히 원룸일 경우, 갑자기 손님이라도 찾아오면 곤란하지요. 하지만 침대 커버를 살짝 걸쳐두면 마치 호텔처럼 격식 차린 인상을 준답니다.

이불 위에 천 한 장이 추가되니 보온성도 향상. 여름에는 타월 천으로 만든 이불을 선호하는 사람에게도 추천. 침대 커버를 발치에 두면 약간 추울 때 요긴하게 쓸 수 있어요.

▷ 침실에는 '사이드 테이블'이 좋다

침대 옆에는 사이드 테이블을 추천합니다. 그곳에 테이블 라이트를 놓으면 좋겠지요. 스마트폰이나 책, 안경, 비상시 사용할 손전등을 놓아두면 편리해요. 사이드 테이블이 없는 경우, 덮개가 있는 세련된 바스켓이나 의자로도 대용할 수 있어요. 의외성이 있어서 더 세련된 침실이 될 거예요.

사이드 테이블을 둘 공간이 없다면 선반이 달린 침대가 있어요. 침대 머리에 물건을 놓거나 수납할 수 있는 선반이 달린 침대도 실용적이에요.

▷ 침실 커튼은 취향대로 고른다

"침실은 자는 곳이니까 차분한 분위기로 만들고 싶다"고 생각하는 사람이 많아서 진한 그레이나 진한 갈색 커튼을 고르기 쉬워요. 하지만 침실은 가장 사적인 공간. 심플한 커튼은 거실에 설치하고 침실에는 좀 더 대담하게 자신이 좋아하는 색이나 무늬를 넣어 달아도 좋을 것 같아요.

이 때 주의할 것은 색을 선택하는 방법. 방에 있는 가구나 물건, 이를테면 그림이나 잡화 등의 색과 최소한 하나는 맞추는 거예요. 그러면 실패하지 않아요.

최근에는 침실에 암막 커튼을 달고 싶어 하는 사람이 많아지고 있어요. 이전의 암막 커튼은 뻣뻣한 천에다 디자인도 별로였어요. 하지만 지금은 일반적인 커튼처럼 색이나 무늬가 다양해졌어요. 암막 커튼에는 여러 등급이 있어요.

· 차광 1급 : 방을 캄캄하게 만들고 싶을 경우. 빛이 거의 통하지 않는다.
· 차광 2~3급 : 캄캄하지는 않고, 아침 햇살과 석양을 완화시키고 싶을 경우

같은 등급이라도 천의 색상과 무늬에 따라 차광 효과가 달

라져요. 진한 색은 빛을 흡수하므로 빛이 통하지 않아 차광 효과가 높아요. 반대로 연한 색이나 흰 색은 빛이 조금 통과하기 쉽죠.

등급만으로 판단하지 말고 가능하면 쇼룸에 가거나 샘플을 가져와서 확인하세요.

▷ 조명은 벽을 비춘다

천장에 조명이 하나밖에 없는 경우, 조명을 하나 더 설치해보세요. 테이블 라이트나 플로어 라이트, 클립 타입의 스포트 라이트 등 종류는 무엇이든 좋아요. 아로마 램프도 좋겠네요. 방이 훨씬 더 편안한 분위기가 될 거예요.

키가 작은 플로어 라이트는 바닥에 놓고, 키가 큰 조명이나 클립 타입은 벽면을 비추세요. 이렇게 하면 직접적으로 광원이 보이지 않아요. 그리고 음영이 생겨 방이 넓어 보여요.

여기서 기억할 것은 조명이 가까운 곳을 밝히는 용도로만 쓰이는 물건이 아니라는 점이에요. 뭔가를 확실하게 볼 수 있도록 할뿐만 아니라 릴랙스 효과를 내는 것도 조명이에요.

혼자 사는 남성의 집에 간 적이 있는데, 대학 시절 이후로 아무것도 바꾸지 않았다는 그의 집은 '학생 혼자 사는' 느낌이 확연했어요. 30대 중반이라 조금 더 어른스러운 느낌으로 꾸미고 싶어 했지요.

저는 무인양품의 아로마 램프가 선반 높은 곳에 놓여 있는 것을 발견했어요. 그것을 바닥에 놓고 스위치를 켰더니 바닥에서 부드러운 불이 켜지며 순식간에 만점짜리 분위기가 만들어졌어요.

회사 선배에게 받았는데 사용할 길이 없어 곤란했던 키 큰 플로어 라이트. 이것을 방의 한쪽 구석(포컬 포인트)에 놓고 빛이 벽면을 향하도록 한 후 스위치를 켰어요. 그러자 벽에 빛이 비치면서 방에 안길이가 생겨 넓어 보인다며 좋아했어요.

제가 '조명'에 대해 말하면 모두들 어려울 것 같다며 어두운 표정을 짓습니다.(웃음) 하지만 정말로 순식간에 멋진 방이 되니, 속는 셈치고 조명을 추가해보세요. 저렴한 조명도 괜찮아요.

포인트는 '바닥에 놓기'와 '벽을 비추기'입니다.

장소별 인테리어 법칙 ❸

세련된 아이방

여기서는 방에서 공부를 한다는 전제로 아이방을 꾸미는 요령을 이야기하겠습니다.

▷ 아이다움은 천으로 표현한다

아이방은 10년 정도 분위기를 바꾸지 않는 경우가 많은 것 같아요. 여러 번 바꾸려면 돈도 많이 들지요. 하지만 그러는 동안 초등학생이었던 아이는 대학생이 됩니다. 어릴 때는 어울렸던 동물 무늬나 자동차 무늬의 벽지도 아이의 성장과 함께 위화감이 생기게 되지요.

아이방을 인테리어 할 때는 반드시 긴 안목으로 생각하세

요. 포인트는

· 벽지나 커튼은 무지나 눈에 띄지 않는 무늬로 고른다.

· 부담 없이 바꿀 수 있는 물건(러그, 침대 커버, 쿠션 등)은 아동용 무늬를 고른다.

이렇게 하면 아이가 성장해도 간편하게 방의 분위기를 바꿀 수 있어요.

▷ 아이방에는 녹색을 추천

저에게는 고등학생 딸이 있어요. 초등학생 때 아이방을 만들어주었는데 그 때 벽의 한 면에만 연한 녹색을 칠해주었어요. 아이방에는 흰색뿐만 아니라 부분적으로 색을 넣어주면 외국의 방처럼 예뻐진답니다.

딸은 핑크색을 아주 좋아해서 장난감이나 인형은 모두 핑크색이었어요. 그래서 흰색을 기조로 녹색과 핑크색 소품이 어울리도록 만들었지요. 녹색은 '중성색'이에요. 차가운 색도 따뜻한 색도 아니기 때문에 어떤 색과도 잘 어울리는 색이지요. 계절과 관계없이 사용할 수 있어 편리하답니다. 아이는 다 자란 지금도 녹색 벽은 그대로 두고 자기가 좋아하는 것을 꾸미며 즐기는 것 같아요.

녹색 이외의 색을 고려한다면

· 난색계 (빨강, 오렌지, 노랑 등) → 활기가 생기는 색. 밝고 즐거운 분위기가 된다.

· 한색계 (파랑) → 공부에 집중할 수 있는 색. 깔끔하고 차분한 분위기가 된다.

이 두 계통으로 생각하면 고르기 쉬워요.

▷ 공부에 집중할 수 있는 레이아웃이 있다

아이방에서 가장 신경 쓰이는 것은 책상 배치가 아닐까요? 다음의 2가지가 포인트예요.

① 책상은 벽을 향하게 둔다.

② 입구 쪽을 등지지 않는 레이아웃으로 만든다.

그렇게 하면 공부에 집중하기 쉬워져요. 예전에 풍수지리 전문가에게 물었더니

"책상이 창 쪽을 향해 있으면 창밖을 바라보느라 주의력이

산만해진다."

"입구를 등지고 있으면 뒤쪽에 대한 위기감 때문에 집중할 수 없다."

라고 말씀하셨어요.

그 때 생각난 것이 도라에몽에 등장하는 노비타의 방. 풍수 전문가가 나쁘다고 말한 바로 그런 방이지요. 제가 기억하는 노비타의 방에는 책상 뒤에서 엄마가 항상 무서운 얼굴로 화를 내면서 들어오는 문이 있고 책상 앞에는 창문이 있었어요! 이건 공부에 전혀 집중할 수 없는 배치였네요.

방의 왼쪽 구석, 문과 수직 방향으로 벽을 마주 보고 책상을 놓았다면 노비타도 조금 더 공부에 집중할 수 있었을지 모르겠네요. 그러고 보니 학창시절 제 방도 책상 앞에 창문이 있었어요. 말씀하신대로 자주 멍하니 하늘을 바라보곤 했지요(웃음).

▷ 조명 선택이 아이의 건강을 결정한다

눈이 나빠지지 않도록 아이의 방은 항상 밝아야한다고 생각하시나요? 그건 오해예요. 사람은 아침이 되면 잠에서 깨고 밤이 되면 졸립니다. 이 리듬을 조정하는 것이 체내 시계입니다. 이 체내 시계는 5세 정도가 되면 완성된다고 해요.

밤에도 눈부시게 밝은 주광색을 켜두면 몸은 아직 낮이라고 착각하게 되지요. 그 결과 졸음을 유발하는 호르몬이 잘 분비되지 않게 되고 잠들기 어렵게 된다는 것이 실증되었어요. 체내 시계가 고장나버린 거지요.

그래서 한 방 안에 여러 개의 전등이 있어야해요. 놀 때는 전체를 밝게 하는 실링 라이트(천장등). 독서나 공부를 할 때는 주광색의 데스크 라이트. 그리고 쉴 때는 전구색의 테이블 라이트가 있으면 아이의 몸에 부담을 주지 않아요. 만일 여러 개의 등을 갖추기 어렵다면 천장등은 리모컨으로 조광(빛의 세기를 조정)과 조색(빛의 색을 조정)을 할 수 있는 타입이 편리해요. 놀 때와 잠잘 때 조정하세요.

▷ 장난감을 세련되게 수납하는 방법

아이의 장난감이나 그림책은 선명한 색이 많습니다. 마치 색의 홍수와도 같아서 아무리 치워도 지저분해 보이지요. 하지만 매일 가지고 노는 것이니 전부 집어넣을 수도 없어요.

그래서 장난감은 '보여주는 수납'과 '숨기는 수납'을 조합하여 정리하는 것을 목표로 합니다.

보여주는 수납

문자 그대로 수납하지 않고 보여주는 방법이에요. 보여주는 장난감 팀은 색이 비슷한 것, 보여주고 싶은 세련된 디자인의 물건, 책. 이 3가지가 대표 선수입니다. 놓을 자리를 정했으면 가까운 색끼리 모아서 장식하세요.

숨기는 수납

숨기는 장난감 팀의 대표선수는 큰 장난감, 자질구레한 장난감, 컬러풀한 장난감입니다. 우선 큰 장난감으로 '뭐든 다 넣을 수 있는 박스'를 만듭니다. 사용한 뒤 일단 여기에 바로 수납하세요.

메모장이나 스티커, 작은 장난감 등 자질구레한 물건용으로는 대 중 소의 박스를 준비하고 각각 넣을 물건을 정해 수납합니다. 놀고 난 후에는 그곳에 넣기만 하면 되는 상태를 만드세요. 박스는 컬러풀한 플라스틱 박스보다는 천 제품이나 라탄 바구니 같은 것이 아이방과 잘 어울려요. 거실에 두어도 튀지 않지요. 어쨌든 '보이는 수납'은 색을 최대한 맞추고, '숨기는 수납'은 일단 빨리 넣을 수 있는 것을 준비하세요. 그리고 정리가 끝나면 "잘 했어.", "어제보다 빨리 했네." 라고 칭찬해주세요.

▷ 아이방 추천 아이템 - 책가방 수납장

초등학생이 있는 가정에서는 책가방을 어디에 둘지 고민하는 분이 많습니다. 책가방 외에도 미술 도구, 체육복, 교과서와 프린트 등 도구가 아주 많지요. "우리 아이는 항상 책가방이나 체육복을 아무렇게나 던져놔요."라고 말씀하시는 분이 있어요. 하지만 아이가 어디에 둬야 좋을지 모르는 것일 수도 있어요. 그러니 학교 도구를 한 곳에 모아 정리할 수 있는 곳을 만들면 스트레스가 줄어듭니다. 편리한 것이 책가방 수납장이에요. 인테리어 숍이나 인터넷 쇼핑몰에서 구입할 수 있어요. 폭 45~60㎝의 콤팩트한 타입이 많으며 이동도 편리해요. 저학년일 때는 거실 한쪽에 두고, 자기 방에서 공부하게 되면 아이방으로 옮겨주면 좋겠지요?

장소별 인테리어 법칙 ❹

세련된 현관

현관은 그 집의 첫인상이 결정되는 장소예요. 공간 자체가 좁아서 조금만 바꿔도 효과가 나타나는 부담 없는 장소이기도 하지요.

▷ 감동적인 현관 만드는 법

처음 어떤 집을 방문하면 나도 모르게 신발장 위를 보게 되지 않나요? 여기가 예쁘게 꾸며져 있으면 좋은 인상을 받게 되지요. 그것만으로도 '괜찮은 사람'이라는 느낌을 갖게 돼요. 포인트를 소개해드릴게요.

일상 아이템은 숨긴다

집 열쇠나 자동차 열쇠, 시계 등을 두는 경우, 뚜껑 있는 소품통이나 깊이가 있는 트레이에 넣어 눈에 띄지 않게 합니다. 생활감이 드러나지 않도록 하세요.

신발장 위를 장식한다

신발장 위에 뭔가를 올려놓을 공간이 있다면 삼각형의 법칙(p.71), 같은 물건을 3개씩 나열하는 법칙(p.77)을 이용해 식물이나 물건을 장식합니다.

신발장 위는 공간이 비교적 좁기 때문에 법칙을 시도해 보기 좋아요.

현관의 벽을 장식한다

벽에 그림이나 포스터를 장식하면 세련되어 보여요. 그리고 스웨그(swag)를 장식하면 스타일리시한 공간이 되지요. 스웨그란 벽 장식을 말해요. 꽃집이나 카페에서 꽃다발을 아래 방향으로 묶어 벽에 장식해 놓은 것을 본 적이 있으실 거예요.

사진이 잘 나오기 때문에 SNS에서도 인기랍니다. 유럽에서는 마귀를 쫓고 행운을 부르기 위해 장식한다고 해요. 스웨그를 만드는 방법은 간단합니다. 좋아하는 꽃이나 식물 다발을 끈으로 꽉 묶기만 하면 돼요. 리본도 괜찮아요. 그것을 아래로 향하게 해서 벽에 장식합니다. 마를 때까지 즐길 수 있고 이국적인 분위기의 현관을 연출할 수 있어요.

▷ 신발은 적을수록 좋다

"이 집에 가족이 몇 명이더라?"라고 깜짝 놀랄 정도로 신발이 어질러져 있는 현관이 가끔 있어요. 현관은 신발이 적을수록 세련되어 보여요. 가족 인원수만큼의 신발만 나와 있는 상태가 베스트예요.

풍수적으로 현관은 좋은 기운을 끌어들이는 입구. 신발을 잘 수납해 깨끗하게 해 두면 재물운이 좋아진다고 해요. 재물운이에요! 무슨 수를 써서라도 신발을 수납하고 싶어지네요(웃음). 하지만 현관에 내놓고 싶은 구두도 있지요. 슬리퍼나 아이에게 빨리 신겨야하는 신발은 꺼내두는 것이 편해요.

평소에 신는 신발은 콤팩트한 슈즈 랙을 사용하면 좁은 현관도 효과적으로 사용할 수 있어요. 슈즈 랙에 4켤레 정도를 수납해 현관 옆에 두면 깔끔하게 사용할 수 있어요.

▷ 우산꽂이는 현관에 어울리는 것으로 선택

가족 각자의 우산, 접는 우산, 갑자기 비가 와서 사게 된 비닐우산 등 우산꽂이에 여러 우산이 가득 들어 있지 않나요? 잘 체크하면 쓰지 않는 것도 꽤 많아요. 점검해서 필요 없는 우산은 처분하세요. 가족 인원수에 여분으로 하나 정도 더 있으면 충분해요.

우산꽂이는 튀지 않는 심플한 스타일을 선택하세요. 구체적으로 말씀드리자면 흰색, 그레이, 검정 중 하나를 고르세요. 소재는 도기보다 목재가 온기가 느껴져 따뜻한 분위기를 만듭니다. 사이즈는 가족 인원수만큼 넣고 2~3개 더 들어갈 수 있을 정도가 좋아요. 절대 꽉 채우지 마세요.

우산꽂이를 둘 공간이 없는 경우에는 철제 현관문에 부착할 수 있는 마그넷 타입의 우산꽂이도 있어요. 2~3개밖에 수납할 수 없지만 '현관이 좁다'거나 '현관을 넓게 사용하고 싶다'면 추천합니다.

장소별 인테리어 법칙 ❺

반려동물이 있는 세련된 방

"반려동물이 있어서 멋진 방은 포기했어요"라고 말하는 분이 꽤 많습니다. 여기서는 반려동물과 주인 모두 쾌적하게 지낼 수 있는 집을 만드는 비법을 알려드릴게요.

▷ 반려동물용 물건은 '사각지대'에 정리한다

반려동물용 물건은 소파나 선반 옆 등의 사각지대에 두세요. 케이지, 손톱 깎기, 캣타워, 화장실, 사료통 등 반려동물용 물건도 각양각색입니다. 이런 것들이 눈에 띄는 장소에 있으면 그것만 눈에 들어오지요. 예컨대 거실에 들어가 대각선상의 공간에 반려동물용 화장실이 있다면 요주의. 방의 주인공이 반려동물의 화장실이라는 뜻이니까요.

방의 주연급 아이템을 포컬 포인트(보이는 장소)에 놓고, 반려동물용 물건은 사각지대에 정리하세요. 하지만 멋진 캣타워처럼 예쁜 반려동물용 물건은 일부러 보이는 곳에 놓는 것도 좋아요.

▷ 털 문제를 해결하려면 '매끈한 재질'이 키워드

반려동물의 털 문제는 반려동물을 키우는 이에게는 영원한 고민거리입니다. 특히 천 제품에는 아무래도 털이 잘 붙지요. 소파는 가죽, 폴리에스테르, 나일론 같은 소재를 골라 보세요. 매끈한 소재라서 털이 잘 안 붙어요. 쿠션이나 커튼 등의 천 제품도 '매끈한 소재'를 키워드로 찾아보세요.

▷ 반려동물이 있어도 벽에는 장식할 수 있다

"반려동물이 쓰러뜨리기 때문에 관엽식물은 선반 제일 위쪽에 놓아요. 그래서 거의 안 보여요."

참으로 애석한 상황이지요. 꽃이나 식물은 반려동물에게 유해한 물질을 포함하는 경우도 있어요. 작은 종류는 잘못해서 먹을 수도 있어 걱정이지요. 하지만 벽에는 장식할 수 있어요.

'뭐? 벽에 식물을 장식한다고?'라고 생각하실 수도 있어요. 하지만 요즘 들어 벽걸이 타입의 관엽식물이 많아지고 있어요. 인터넷 쇼핑몰에서도 많이 팔고 있지만, 무인양품 등에서 나오는 '벽에 걸 수 있는 관엽식물'을 추천합니다. 그림이나 포스터, 사진과 같이 벽을 이용해 장식할 수 있는 아이템을 적극적으로 활용해보세요.

▷ 반려동물에게 맞는 벽재와 바닥재를 고른다

일반적인 바닥재로는 목재 마루가 인기. 하지만 반려동물이 미끄러지기 쉬운 것이 단점이에요. 뛰어다니다가 미끄러져 고관절이나 허리를 다칠 수 있지요. 바닥재를 고를 때에는 되도록 반려동물이 잘 미끄러지지 않고 상처가 잘 나지 않는 마루 종류를 고르는 게 좋아요.

임대 주택일 경우, 우선 개나 고양이가 어디를 자주 오가는지 관찰하세요. 그 동선을 중심으로 반려동물용 미끄럼 방지 매트를 까는 것이 간편한 대처법이에요.

고양이의 경우 특히 문제가 되는 것이 스크래칭. '벽이나 소파가 너덜너덜하다'는 고민도 많을 거예요. 스크래칭 대비

책으로 발톱이 닿는 높이에 허리벽을 만드세요.

허리벽이란 바닥에서 1.2m 정도 높이의 벽을 말해요. 이 높이에 판자나 시트를 붙이면 벽에 상처가 거의 안 생겨요. 목제 패널이나 시트는 인터넷에서도 구입할 수 있어요.

벽지 위에 양면테이프로 붙이는 타입도 있으니 임대 주택이어도 괜찮아요. 스크래칭으로 너덜너덜해지면 다시 붙일 수 있으니 안심이지요.

소파에서 스크래칭을 한다면 소파에 천을 덮어 두는 것이 대비책이에요. 가구는 흰색이나 연한 나무색 가구가 좋아요. 검정이나 진한 갈색 등의 짙은 색은 발톱 자국이 눈에 띄거든요.

장소별 인테리어 법칙 ❻

세련된 주방과 욕실

생활감이 쉽게 드러나고 물건도 많은 '주방과 욕실'. 알아두면 편리하고 세련돼 보이는 비결을 정리해 소개합니다. 이렇게만 하면 갑자기 손님이 와도 문제없어요!

주방

▷ 색이나 소재를 맞춘다

식기는 색이나 소재를 맞춰 수납하면 정돈됩니다. 흰색 식기 그룹, 목제 식기 그룹, 유리 그룹 등으로 말이죠. SNS에서 볼 수 있는 무심하게 놓은 듯한 세련된 찬장

에는 이런 식으로 공통점이 있을 거예요.

그리고 세로 라인을 의식하는 것도 포인트예요. 예를 들면 같은 디자인의 유리잔은 가로가 아닌 세로로 나열합니다. 깔끔해 보이고 고르기도 쉬워져요.

▷ 포장 용기가 멋있는 것은 보이도록 진열한다

평소 사용하는 조미료나 보존 식품은 수납해 넣는 것이 좋아요. 생활감이 드러나기 때문이지요. 하지만 올리브 오일이나 발사믹 식초, 토마토 통조림 같은 포장 용기가 예쁜 외국 조미료나 통조림은 보이는 곳에 두세요.

유리병에 시리얼이나 향신료를 넣어 디스플레이를 하는 것도 좋아요. 주방이 예뻐 보일 거예요.

세면실

▷ 심플한 용기로 교체. 식물로 장식한다

세탁용 세제와 손 세정제 등의 용기는 상품명이나 일러스트가 화려해서 별로예요. 전부 별도의 용기에 채워 넣는 게 좋겠지만, 조금 귀찮으시죠?

그럴 때는 손 세정제 용기만이라도 교체해보세요. 사용 빈도가 높고 시야에 들어오는 횟수가 많기 때문에 가장 효과적이에요. 하얀색 병을 추천합니다.

세면실에 가득찬 아이템의 색깔 수를 줄이면 깔끔해져요. 그리고 작은 관엽식물을 두면 깨끗하고 상쾌한 세면실이 완성돼요.

▷ 물건은 '숨길 것'과 '보여줄 것'으로 나눈다

칫솔, 치약, 빗, 면도칼 등의 생활용품은 되도록이면 수납해서 숨기세요. 대신 면봉과 화장솜 등은 유리병에 넣어 보이도록 두는 것을 추천해요. 멋진 아이템이 되거든요. 호텔이나 레스토랑의 세면실 같은 이미지를 연출할 수 있어요. 우선은 '보여줄 아이템'인지 아닌지를 생각해 보세요.

화장실

▷ 화장실에도 볼거리를 만든다

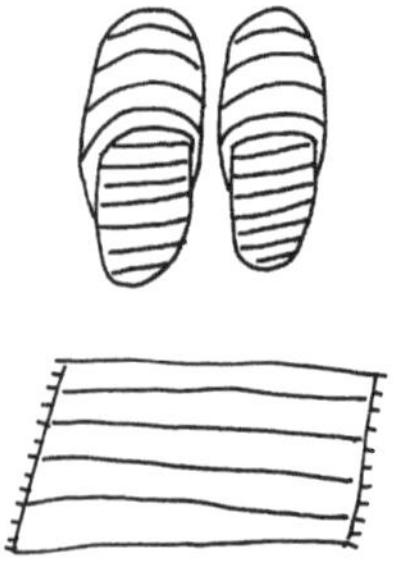

사실 손님이 가장 많이 체크하게 되는 공간일 수도 있어요. 화장실은 유일하게 혼자가 되는 장소니까요. 좁은 공간이지만 화장실에도 포컬 포인트를 만드세요. 들어가자마자 시야에 들어오는 정면이 최적의 장소. 색깔 있는 벽지나 월 시트지를 붙여 벽 자체를 포컬 포인트로 만들어도 좋아요.

▷ 바구니를 수납에 이용

화장지를 비닐 포장 그대로 두는 것은 절대 금지. 수납 공간이 없다면 바구니에 넣어 천을 덮어두거나 뚜껑 있는 바구니에 넣으면 분위기가 달라져요.

그리고 플라스틱으로 된 휴지걸이를 바꾸면 훨씬 세련되어 보여요. 실버, 골드, 목재, 철재 등의 다양한 색과 소재가 있어요.

제4장

실패하지 않는 인테리어 아이템 구입 비결

만약 물건을 구입해야 한다면?

그럴 때를 위해 구입 포인트를 알려드립니다

돈을 써야할 물건과 쓰지 않아도 되는 물건이 있다

지금까지는 기본적으로 '지금 가진 물건'을 중심으로 이야기했어요. 하지만 언젠가는 교체해야할 때가 오게 마련입니다. 이사를 하거나 가족의 수가 바뀌거나 기분전환을 하고 싶어지거나…….

이 장에서는 실패하지 않는 구입 비결을 알려드릴게요. 돈만 내면 얼마든지 고급스럽고 세련된 인테리어를 할 수 있어요. 그건 당연한 얘기입니다. 하지만 모든 것을 돈으로 해결하지 않아도 멋진 집을 만들 수 있어요. 무슨 일에든 힘을 줄 때와 뺄 때가 있게 마련이듯 인테리어에도 '돈을 쓸 곳과 쓰지 않아도 되는 곳'이 있는 법입니다.

그럼, 문제를 하나 낼게요. 인테리어에서 돈을 쓰는 게 좋은 아이템은 무엇일까요? 3개가 있어요. 잠시 생각해보세요.

소파? 테이블? 의자?

답은

① 커튼

② 조명

③ 소품

좀 의외인가요? 소파나 식탁, 의자에는 그다지 돈을 쓰지 않아도 됩니다. 사이즈(폭이나 높이)가 몸에 맞고 앉기 편하면 그걸로 충분해요. 가족의 수나 나이가 변하면 새로운 것이 필요하게 되고, 소파 커버나 테이블보를 씌우면 약간의 더러움이나 상처가 있어도 가릴 수 있어요.

예산 내에서 집이 고급스러워 보이려면 아래 3가지에 돈을 쓰세요. 그럼 하나씩 살펴보겠습니다.

① 커튼

고급 수입 커튼을 달라는 말이 절대 아니에요. 창의 크기에 맞는 커튼을 다는 것. 단지 그게 다예요. 제2장에서 말씀 드린 것처럼 아무리 좋은 천의 커튼도 너무 길거나 너무 짧으면 싸구려처럼 보입니다. '커튼 사이즈가 맞지 않는 것뿐인데?'라고 생각할지 모르지만 공간 전체가 무척 촌스러워져요.

커튼은 면적이 넓기 때문입니다. 시야에 들어오는 비중이 크기 때문에 여기가 깔끔하지 못하면 어떻게 해도 방 전체가 깔끔해지지 않아요.

예산이 한정되어 있다면 커튼에 돈을 쓰세요. 주문 제작으로 창 하나에 10만 원 정도 하는 비교적 저렴한 커튼 전문점도 많아요. 겁내지 말고 주문 제작도 한번 검토해 보세요.

② 조명

조명에 대해서는 제2장과 제3장에서도 열을 올려 이야기했듯이 매우 중요한 아이템이에요. 돈을 쓴다면 커튼 다음으로 중요한 것은 조명입니다.

조명 자체의 사이즈는 별로 크지 않습니다. 하지만 조명에서 나오는 불빛은 어떨까요? 그 그림자가 방 전체에 입체감을 불어넣어 방을 넓어 보이게 하고 사람의 얼굴을 예뻐 보이게 하는 등 사실은 매우 존재감 있는 아이템이에요.

천장에 원형의 천장등 하나만 켜지 말고, 주방에 펜던트 라이트나 테이블 라이트, 플로어 라이트 등을 추가해보세요. 한 방에 여러 개의 전등을 강력히 추천합니다.

③ 소품

여기서 말하는 소품이란 사진 액자, 장식품, 쿠션, 관엽식물, 그림, 꽃병 등 장식할 때 사용하는 물건을 말합니다. 이런 아이템은 필수품은 아닙니다. 그래서 더욱 돈을 써야 해요. 소품은 '보여준다'는 역할이 있기 때문이지요.

일부러 보여주는 물건인데, 전부가 싸구려 아이템이라면 아무래도 '무성의한 느낌'이 강하게 들어요. 하지만 전부에 돈을 들일 필요는 없어요. 값싼 소품이 모두 안 좋은 것도 아니고요. 포인트는 믹스하는 것. 요즘은 균일가숍에도 세련된 소품들이 많아요.

값비싼 소품 하나에 적당한 가격의 소품 하나를 더하는 식으로 장식해보세요. 믹스하면서 제2장의 법칙을 이용해 장식하면 아주 세련된 방이 될 거예요. 물건을 장식하고 바라보면 바쁜 일상에 여유가 조금 생기면서 넉넉한 기분이 들어요.

실패하지 않는 인터넷 쇼핑

여기에서는 인터넷 쇼핑에서 실패하지 않는 구입 포인트를 소개합니다.

① 정확한 크기 확인! 놓을 공간에 가상 배치해 보기

사이즈는 인터넷 쇼핑을 할 때 가장 어려운 문제. 사이즈를 확인하고 구매했지만 막상 도착하고 보면 '생각보다 컸던' 적 없으신가요?

그래서 좀 더 정확한 사이즈를 확인하기 위해 도움이 되는 것이 마스킹 테이프예요. 아이템의 사이즈를 인터넷으로 확인한 후 마스킹 테이프를 그대로 잘라 그것을 배치할 예정인 공간에 붙여보세요. 그러면 사이즈의 느낌을 입체적으로 알 수 있어요.

요즘은 AR 기능이 달린 EC 앱도 있어요. 포켓몬고처럼 현실의 풍경에 캐릭터가 존재하는 것과 같은 기능이에요.

자신의 방을 스마트폰 화면으로 보면 거기에 구입하려는 가구가 사이즈대로 나타나므로 실제처럼 놓은 상태를 확인할 수 있어요. 방에 놓았을 때의 사이즈 느낌을 눈으로 볼 수 있으니 실패할 일도 없지요.

② 상품 사진을 다양하게 보여주는 쇼핑몰 이용

"상품 사진은 좋았는데 도착하고 보니 뭔가 다르다!" 이런 사태를 막으려면 상품의 전체 사진뿐만 아니라 세부나 뒷면까지 다양한 각도의 사진을 확인하세요. 그런 세세한 부분까지 사진을 올려놓은 가게는 신뢰할 수 있어요.

③ 입소문이나 리뷰 꼼꼼 체크

입소문이나 리뷰도 꼭 확인합니다. 상품의 장점과 단점을 객관적으로 알 수 있어요. 인터넷 숍의 페이지에 리뷰란이 없는 경우에는 어떤 정보를 올려 놓은 사람이 없는지 인터넷 검색을 해 보는 것도 좋겠지요.

④ 샘플

소파나 커튼 등은 샘플 천을 보내 주는 가게도 있어요. 화면상으로 보는 것과 색이 다른 경우도 있고, 감촉은 보는 것만으로는 알기 어려우니까요. 실제 샘플을 방에 놓아보고 확인하는 것이 최고예요. 샘플 주문이 가능한 숍이라면 꼭 이용해보세요.

⑤ 반입 경로와 포장 사이즈 체크

이것은 인터넷 구입 시에만 필요한 것이 아닙니다. 큰 소파나 조립식이 아닌 침대나 매트리스 등을 구입할 경우, 반입 경로와 포장 사이즈는 사전 확인이 필수예요.

현관, 복도, 방문의 폭과 높이, 아파트의 경우에는 엘리베이터와 바깥 계단의 사이즈를 확인해 두세요. 그렇지 않으면 '겨우 도착했는데 안 들어가는' 슬픈 사태가 벌어질 수도 있어요.

상품의 상세 정보에 포장사이즈가 기재되어 있어요. 실제 상품보다 훨씬 큰 사이즈인 경우가 많으므로 이 사이즈도 꼭 확인하세요.

인테리어 아이템 ❶

소파를 살 때

소파는 사이즈가 큽니다. 그리고 가구 중에서는 가격도 높은 편이어서 실패했을 때 피해가 크지요. 사야할 사이즈, 디자인, 소재를 파악해 쾌적한 공간을 만드세요.

사이즈 1인·2인용 : 폭 140~170cm

패밀리용 : 폭 170~200cm

가격 100~300만 원대의 가격대가 적당하다

가격은 소재나 디자인에 따라 제각각. 가격의 폭은 50만 원에서 천만 원 이상하는 제품도 있어요. 고가의 상품은 최고급 가죽을 사용하기도 합니다. 디자인, 성능, 가격 면에서 가장 적당한 것은 100~300만 원 정도의 가격대 제품입니다.

디자인 ▸ 소파는 심플한 것이 좋다

소파는 심플한 것을 추천합니다. 베이지 계열, 갈색 계열, 그레이 계열의 색이라면 실패하지 않아요. 변화를 주고 싶거나 개성을 표현하고 싶으면 쿠션으로. 그때의 기분이나 계절에 따라 간단히 분위기를 바꿀 수 있어요.

소재 ▸ 아크릴, 폴리에스테르 등의 합성섬유는 쉽게 때가 타지 않는다

아무래도 소파는 더러워지기 쉬워요. 면, 마, 울 등의 자연 소재만 고집하지 마세요. 아크릴, 폴리에스테르 등의 합성섬유가 섞인 종류가 쉽게 더러워지지 않으며 뭔가를 쏟았을 때도 물을 튕겨내는 성질이 있어요. 가죽 소파는 고급스러워 멋있지만 '여름에는 끈끈하게 피부에 들러붙고 겨울에는 차갑다'고 말하는 분도 있으니 잘 생각한 후 구입하세요.

더러워지는 것이 신경 쓰인다면 커버링 타입의 소파를 추천합니다. 더러워지면 세탁소에 보내면 됩니다. 집에서 세탁할 수 있는 종류도 있어요. 유지 보수를 생각하면 가죽보다는 커버링 천 제품이 좋아요.

인테리어 아이템 ❷

식탁을 살 때

"가족도, 손님도 거실보다 식탁에서 시간을 보내는 경우가 많다", "식사뿐만 아니라 컴퓨터나 공부를 할 때도 있다". 그렇다면 소파는 되도록 콤팩트하게 하고 식탁을 큰 것으로 구입하는 게 좋아요. 손님이 많다면 익스텐션 테이블이라고 불리는 길이 조절 타입의 테이블을 추천합니다. 사이즈가 늘어나 편리해요.

사이즈 1인용 : 70cm×70cm, 75cm×75cm

2인용 · 패밀리용 : 150cm×85cm

식사를 할 때 평균적인 공간은 1인당 가로 60cm, 세로 40cm. 그 수치를 토대로 식탁이 만들어집니다. 혼자 사는 경우에는 콤팩트한 정사각형이 좋아요. 최소한 60cm×60cm은 되어야하며 조금 여유가 있는 70cm×70cm, 75cm×75cm가 쓰기 편합니다.

2인 이상의 가족이라면 4인용의 직사각형이 일반적. 한 사람분의 식사 공간에 여유분을 더해 가로 135~180cm 정도가 여유로워요. 6인용일 경우 가로 200cm도 있어요. 손님이 많이 오는 가정에 추천합니다.

세로는 85cm가 여유있어 좋아요. 높이는 70~72cm가 일반적인데, 외국 테이블은 75cm가 주류를 이루죠. 이전에 스타일링한 집에서 수입 테이블의 높이가 높아 다리를 3cm 잘라 납품한 적이 있었어요.

식탁은 매일 사용하는 곳. 몇 센티의 차이로 편안함의 수준이 달라지니 사이즈를 꼼꼼히 신경 써야 실패를 막을 수 있어요. 의자를 뺄 때의 치수도 고려하세요.

가격 100~200만 원이 가장 인기

10만 원으로 살 수 있는 것부터 천만 원이 넘는 고가의 것까지 가격대의 폭이 넓어요. 테이블 판에 대리석이나 천연목 등의 고급 소재를 쓰면 가격이 비싸집니다. 식탁은 손이 자주 닿는 아이템이므로 '촉감'에 신경 쓰면 만족도가 높아져요. 가장 많이 구입하는 것은 100~200만 원 정도예요.

디자인 '원형'보다는 '사각'이 좋다

직사각형이나 정사각형의 테이블은 벽에 딱 붙일 수 있어 비교적 콤팩트한 공간에 들어갑니다. 원형 테이블은 둥글게 앉아 따뜻한 분위기를 내는 것이 매력.

하지만 의자를 빼면 방사선 모양으로 퍼지기 때문에 생각보다 많은 공간이 필요해요. 주방의 공간이 넓으면 추천하지만 좁으면 피하는 게 좋아요.

인테리어 아이템 ❸

식탁 의자를 살 때

식탁에 맞추는 의자는 제3장에서도 알려드린 바와 같이 '모두 같은 것으로 맞추지 않는' 선택지도 있어요. 2개씩 맞추거나 혹은 4개 모두 제각각인 경우에도 세련되고 멋있는 느낌이 난답니다.

사이즈 28cm의 높이를 찾는다

식탁용 의자를 구입할 때 주의해야 할 것은 높이. 테이블 상판과 의자 좌면 사이의 간격은 27~30cm가 적당해요.

레스토랑이나 카페에서 '왠지 좌석이 불편하다'라고 생각한 적 없나요? 그것은 테이블의 높이에 비해 의자가 너무 낮거나 혹은 너무 높아서 생기는 현상이에요. 전자는 테이블 상판과 의자 좌면의 간격이 넓은 것이고 후자는 간격이 좁은 것이죠.

간격이 넓으면 식사를 할 때 팔의 위치가 높아져 부자연스러운 자세가 되고, 간격이 좁으면 구부정하게 자세가 나빠지고 허벅지 부분이 답답해져요.

제가 추천하는 간격은 28cm. 저희 집 식탁은 높이 71cm, 의자 높이는 43cm. 그 사이의 간격은 71cm－43cm＝28cm. 그래서 매우 편해요.

테이블과 의자가 세트인 경우는 이 간격이 정확히 계산되어 있어요. 세트로 구입하지 않을 경우에는 각 좌면의 높이를 체크해 간격이 적당한지 꼭 확인하세요.

의자 자체의 폭도 중요해요. 폭이 너무 넓으면 식탁의 다리와 다리 사이에 의자가 들어가지 않거나 옆 좌석과의 사이가 너무 좁아집니다. 4인용 식탁에서 2개를 나란히 놓을 경우, 2개분의 폭에 40~50cm의 여유를 더하면 여유있게 앉을 수 있어요.

가격 테이블보다 의자에 예산 쓰기

식탁과 의자. 예산이 한정되어 있다면 어느 쪽을 우선해야 하는지 고민이 됩니다. 의자는 사람이 앉는 가구니까 사이즈나 앉았을 때의 편안함을 고려해 품질 좋은 것을 고르세요. 반면에 식탁은 사이즈만 맞으면 일단은 괜찮아요. 그러니 마음에 드는 의자 쪽에 예산을 우선 투입하세요.

인테리어 아이템 ❹

TV 선반장을 살 때

TV 선반장에는 TV만 놓는 게 아닙니다. 블루레이, DVD 레코더 등의 AV 기기, 게임기, DVD 등 여러 가지 물건을 수납해요. 벽걸이형 TV를 다는 사람도 많아지고 있지만 수납면에서는 역시 TV 선반장이 있는 게 편해요.

사이즈 42인치 TV까지 : 가로 120cm

55인치 TV까지 : 가로 150cm

TV를 위에 두는 경우, TV의 크기에 따라 가로 길이가 결정됩니다. TV 선반장의 가로는 대략 120cm, 150cm, 180cm의 3종류.

세로 35~45cm, 높이 40~50cm의 TV 선반장이 TV 보기

편해요.

디자인 ▸ 열이 빠져나갈 곳이 있는지 체크

블루레이, DVD 레코더, 게임기를 넣는 부분은 유리문 타입과 문이 없는 오픈 타입이 있어요. 오픈 타입이 약간 저렴한 편이지요. 하지만 먼지가 쌓이기 쉽다는 단점이 있어요.

기기류는 상당한 열을 발산합니다. 문을 닫아 열이 축적되면 기기에 악영향을 줄 수도 있어요. TV 선반장의 상부와 뒷면에 열을 배출할 수 있는 구멍이 나 있는 스타일을 추천합니다.

인테리어 아이템 ❺

소파 테이블을 살 때

소파 앞에 놓는 낮은 탁자를 말하는데, 이것을 소파 앞에 반드시 놓아야 한다는 법칙은 없어요. 평소에 거실에서 어떻게 지내는지 생각해 보세요. 거실에서 보내는 시간이 짧다면 없어도 됩니다. 작은 사이즈의 사이드 테이블도 괜찮아요.

사이즈 소파 사이즈에 맞추면 실패하지 않는다

포인트는 소파와의 균형. 낮은 테이블 자체만 생각하지 말고 소파 사이즈에 비해 어떤지를 고려해 구매하면 실패하지 않아요.

2인용 소파인 경우 : 가로 80cm×세로 50cm의 낮은 테이블

3인용 소파인 경우 : 가로 100cm×세로 50cm의 낮은 테이블

높이 : 소파의 좌면 높이보다 조금 낮은 33~38cm

사이드 테이블은 40cm×40cm, 50cm×50cm 정도가 가장 좋습니다. 머그컵과 책, 리모컨 등을 둘 수 있어요. 높이는 45~55cm 정도가 좋아요.

가격 30만 원 정도면 세련된 것을 살 수 있다

인테리어 아이템 ❻

침대를 살 때

침대를 고르는 기본은 자신의 몸에 맞는 사이즈, 좋아하는 사이즈를 선택하는 것. 침대 머리 부분의 색이나 소재에 따라 방의 이미지도 달라져요.

사이즈 45cm 높이면 일어서기 쉽다

침대는 폭에 따라 명칭이 바뀝니다.

싱글베드는 폭 100cm, 세미 더블베드는 폭 120cm, 더블베드는 폭 150cm, 퀸 베드는 폭 170cm, 킹 베드는 폭 200cm입니다.

종류는 5가지로 길이는 모두 200cm 정도. 침대는 기본적으로는 자신의 몸에 맞는 사이즈, 좋아하는 사이즈를 선택하는 것이 최고예요. 높이는 바닥에서 매트리스까지 30~50cm가

대부분이며, 일어서기 가장 편한 45cm 정도를 추천합니다.

참고로 저는 해외 호텔에 숙박하면 반드시 침대 높이를 재보는데, 대부분이 70cm 정도예요. 저희 집 침대와는 상당한 차이가 나지요. 높이가 높으면 고급스러워 보이지만, 가정용으로는 좀 높은 게 아닌가 싶어요.

가격 침대 프레임보다 '매트리스'에 돈을 쓴다

최상품에서 최하품까지 있는 매트리스와 침대 프레임의 종류에 따라 가격이 달라집니다.

매트리스는 수면에 직접적으로 영향을 주므로 가능하면 신경 써서 고르세요. 싼 것은 20만 원부터 고급 호텔 사양은 500만 원 정도 하는 것도 있어요. 프레임에는 그다지 돈을 쓰지 않아도 됩니다. 프레임과 매트리스를 합쳐 200~300만 원 정도에 구입하는 경우가 많아요.

기타 제대로 만든 침대 프레임이라면 교체할 필요가 없어요. 가끔 나사가 느슨해졌는지 정도만 확인하면 됩니다. 하지만 매트리스는 달라요. 제조업체의 말에 따르면 매트리스의 수명은 '길게 잡아 10년'이라고 합니다. 허리나 엉덩이 가운데 부분이 움푹 패여 있거나, 삐걱거리거나, 잘 잔 것 같은데 피로가 풀리지 않을 때는 반드시 교체하세요. 뒤틀린 매트리스는 어깨 결림이나 요통, 불면증의 원인이 되기도 해요.

매트리스를 오래 쓰려면 정기적으로 방향을 바꾸거나 뒤집어주세요. 항상 같은 곳에 압력이 가해지지 않도록 하고 세워서 주기적으로 건조시키세요. 이것이 매트리스를 오래 쓸 수 있는 비결이에요.

인테리어 아이템 ❼

책장을 살 때

북셸프라고 불리는 오픈 타입(문이 없는 것)이 주류. 천장 근처까지 닿는 키가 큰 타입은 지진 대책도 생각해야합니다.

사이즈 ▸ 안길이 30~35cm가 가장 편리하다

폭과 높이는 각 가정에 맞추는 것이 최고. 사이즈를 측정한 후 고르세요.

안길이에는 실패하지 않는 사이즈가 있어요. 안길이가 너무 깊으면 쓰기 불편하므로 30~35cm가 좋아요. A4 사이즈의 파일, 사이즈가 큰 외국서적, 앨범 등을 넣을 수 있어요.

인테리어 아이템 ❽

커튼을 살 때

앞에서 말씀드린 것처럼 커튼은 공간의 인상을 가장 많이 좌우하는 아이템이에요. 어떤 색, 소재, 무늬를 고르느냐에 따라 공간의 분위기도 완전히 달라집니다.

사이즈 창 사이즈에 맞추는 게 절대 조건

반복됩니다만 창 사이즈에 딱 맞추는 것, 이것이 필수 조건 중의 필수예요.

일부러 커튼의 밑자락을 길게 만드는 스타일이 있기는 해요. 방한의 의미도 있지만 마치 드레스 자락이 퍼지는 것 같은 우아한 분위기를 연출하지요.

저도 가끔 제안할 때가 있지만 그건 공간의 이미지와 균형을 생각한 후에 시도해야 해요. 다 계산된 길이입니다.

커튼 사이즈 재는 법

❶ 폭을 잰다.

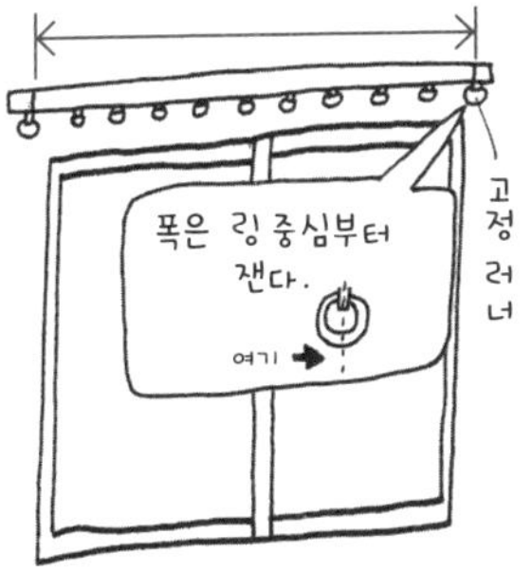

커튼 레일의 좌우 끝에 고정 러너(커튼 훅을 거는 부분)가 있다. 한쪽의 고정 러너 중심에서 다른 한쪽의 고정 러너 중심까지를 측정한다.

▼

❷ 길이를 잰다.

길이는 고정 러너의 고리 아래에서 바닥까지를 잰다. 바닥창인 경우에는 거기에서 마이너스 1㎝. 레이스 커튼은 다시 마이너스 1㎝(합계 마이너스 2㎝)로 만든다. 허리창의 경우에는 창틀에서 플러스 15~20㎝로 만든다.

※ 바닥창 : 정원이나 베란다와 접하고 있어 출입이 가능한 창문
※ 허리창 : 창의 하단이 허리 높이 정도인 창

가격 ▸ 창 하나에 10만 원부터 만들 수 있다

커튼레일이 달려 있으면 창 하나에 10만 원부터 만들 수 있어요. 외국의 고급 패브릭 제품은 창 하나에 500만 원 정도 드는 경우도 있지요.

어디에 돈을 얼마나 쓸 것인지는 각자의 가치관. 하지만 인테리어 디자이너의 입장에서 말하자면 역시 멋진 원단으로 커튼을 만들면 아름답고 하루하루 생활이 즐거워져요.

매일 보는 공간, 이를테면 거실과 주방은 마음에 드는 고품격 커튼으로, 침실의 커튼은 금액을 낮추는 등 변화를 주면 좋을 것 같아요.

디자인 ▸ 공간과 융화시킬 것인가, 악센트를 줄 것인가

제2장에서 이야기한 것처럼 '넓고 밝아 보이는 공간을 원하는' 경우에는 흰색이나 베이지 색으로. 커튼을 벽의 색에 맞춰 공간 전체와 융화시킵니다.

'개성 있는 공간을 원하는' 경우에는 대담한 색이나 무늬로. 그 때 그 공간에 있는 소품이나 그림과 최소한 하나의 색은 맞춰야 실패하지 않아요.

기타 세탁이 가능하다면 훅을 떼고 주름을 접은 상태로 세탁망에 넣습니다. 손빨래 코스, 울 세탁 등으로 세탁하세요. 훅이 끼워진 상태로 넣으면 세탁 중에 천에 걸려 상처가 생기므로 반드시 빼야 해요.

커튼을 말릴 때는 훅을 끼우고 그대로 커튼레일에 달면 됩니다. 커튼 무게 때문에 주름이 펴질 거예요. 건조기를 돌리면 원단이 수축되므로 사용하지 않는 게 좋아요.

인테리어 아이템 ❾

러그를 살 때

제2장의 법칙 15에서도 말씀드린 바와 같이 러그를 깔면 공간의 인상이 바뀝니다. 하지만 사이즈나 색, 무늬가 다양해서 어떻게 선택해야 할지 망설여질 거예요. 구입 포인트를 알려드리겠습니다.

사이즈 소파 폭보다 조금 큰 것이 가장 좋다

일반적인 러그의 사이즈는

소형→100cm×140cm

중형→ 140cm×200cm

대형→ 200cm×200cm.

기본적으로는 소파의 폭보다 조금 큰 사이즈가 밸런스 면에서 좋다고 합니다. 바닥에 누워 TV를 보거나 아이가 바닥에서 노는 집에서는 소파보다 크게 거실 공간 전체에 까는 200cm×200cm를 추천합니다.

소파 앞에 낮은 테이블을 둔 경우에는 140cm×200cm의 타입. 별로 넓지 않은 방의 2인용 소파 앞에 까는 경우에는 100cm×140cm라면 실패하지 않아요. 긴 쪽을 소파와 평행이 되도록 깔면 밸런스가 잘 맞아요.

디자인 ▸ 그레이나 베이지 계열 무지라면 실패하지 않는다

포인트는 두 가지예요.

① 바닥 색과 가까운 타입으로 한다.
② 소파의 천과 같은 색으로 한다.

망설여진다면 그레이나 베이지 계열의 무지로 고르세요.

무늬가 있거나 색이 선명한 러그를 깔면 바닥면에 임팩트가 생겨 공간에 긴장감을 줍니다.

무늬가 있는 러그를 선택하는 방법은 다른 아이템과 색을

맞추는 것. 공통점을 찾아내는 개념과 똑같아요. 소파, 커튼, 쿠션 등과 같은 색이 들어 있으면 러그만 튀는 일은 없을 거예요.

러그는 사각형뿐 아니라 여러 가지 형태가 있어요. 각지지 않은 원형이나 타원형을 깔면 부드러운 인상을 줍니다. 아이가 생활하는 공간에 딱 좋아요.

인테리어 아이템 ⑩

조명을 살 때

한 방에 여러 개의 조명을 다는 것이 좋다고 앞서 말씀드렸었죠? 천장에 이미 천장등이 달려있는 집이 많을 거예요. 거기에 우선은 하나의 조명을 더 달아보세요. 추가로 구입한다면 클립 라이트나 테이블 라이트를 추천합니다. 10만 원 이하의 세련된 디자인이 많아요. 이미지에 맞게 골라 꼭 한번 추가해 보세요.

식탁을 놓고 싶은 곳에 조명이 없다면 간이 설치형 덕트 레일을 추천합니다. 여러 개의 조명을 레일 위의 원하는 장소에 설치할 수 있는 편리한 제품으로 인터넷으로도 구입할 수 있어요. 간단하게 설치할 수 있어 특별한 공사가 필요 없지요. 슬라이드 되기 때문에 가구 위치에 맞춰 조명을 이동할 수 있어요.

인테리어 아이템 ⑪

벽시계를 살 때

벽에 거는 벽시계. 무엇을 선택해야할지 한 번쯤 고민했던 분이 많을 거예요. 마음에 들어서 샀는데 "어? 뭔가 크네", "공간 분위기와 맞지 않아", "앗, 너무 어린애 같은가?" 하는 상황이 벌어지기도 합니다. 자칫 잘못하면 벽시계 하나 때문에 공간 분위기를 망치기 쉬워요.

벽시계는 세련된 공간을 완성하기 위한 중요한 마무리예요.

사이즈 4평 크기면 지름 26cm. 10평 크기면 지름 30cm.

생각하는 것보다 조금 작은 것을 고르는 편이 멋스러워요.

잘 어울릴지 걱정된다면 구입 전에 신문지 등을 시계 사이즈로 잘라 위치나 크기를 시뮬레이션 해보세요.

해외 인테리어 사진 등을 보면 시계가 주인공인 공간이 있어요. 일부러 큰 벽시계를 공간의 중심에 멋있게 걸어두곤 하지요. 하지만 그건 상당히 고급 기술이에요.

우선은 공간의 넓이에 맞는 적당한 크기의 시계를 골라서 걸어보세요.

추천 SHOP LIST

| 가구 |

카시나 익스씨cassina-ixc	이탈리아 고급 가구 업체.
알플렉스 재팬arflex japan	고품질 모던 퍼니처의 톱 제조업체
액터스ACTUS	심플하고 세련된 가구와 소품을 구할 수 있다.
노이에스NOYES	소파 전문점. 적당한 가격에 품질도 좋다.
이데	재미있는 디자인의 가구와 소품이 있다.
사라그레이스sarahgrace	우아하고 세련된 가구와 소품이 모여 있다.
헤이HAY	주목할 만한 북유럽 브랜드. 적당한 가격으로 멋진 가구와 소품이 인기.
허먼 밀러 Herman Miller	임즈 체어 등 디자이너스 가구가 많다.
가구라家具蔵	나무의 온기가 따뜻한 천연목 가구를 찾는다면.
마루니 목공	장인의 기술이 만들어낸 아름다운 목공 가구가 매력.
칸디 하우스CONDE HOUSE	아사히카와 가구의 중심적 존재. 고품질 목제 가구를 구할 수 있다.
카르텔kartell	이탈리아의 플라스틱 가구 제조업체. 엣지 있는 디자인.
모다 엔 카사moda en casa	적당한 가격에 트랜드감 있는 모던한 가구와 소품을 구할 수 있다.
일본 베드	침대 프레임부터 매트리스, 침대 리넨이 많다.
크래쉬 게이트CRASH GATE	빈티지나 인더스트리얼한 남성용 인테리어를 찾는다면.
저널 스탠더드 퍼니처	패션 브랜드의 인테리어 숍.
모모 내추럴MOMO natural	심플하고 내추럴한 가구와 소품이 모여 있다.
키노	귀여운 가구와 소품을 갖고 싶을 때
무인양품	심플하고 질리지 않는 디자인이 매력
이케아	스웨덴에서 온 컬러풀하고 재미있는 디자인의 가구와 소품이 많다.
니토리	주거와 관련된 모든 것이 있다.

| 소품 |

더 콘란숍THE CONRAN SHOP 테렌스 콘란이 전 세계에서 엄선한 하이센스한 아이템이 모여 있다.

프랑프랑Francfranc 적당한 가격으로 트렌디한 예쁜 아이템을 구할 수 있다.

자라 홈 패션 브랜드 '자라'의 인테리어 숍.

도쿄도東京堂 리얼한 아티셜 플라워(조화)와 프리저브드 플라워(생화를 특수 보존 처리한 가공화)가 많다.

메종 드 파미유MAISON DE FAMILLE 프렌치한 가구와 소품을 구할 수 있다.

| 커튼 |

피스바FISBA 스위스의 고급 브랜드. 고급 패브릭을 찾는다면.

마나 트레이딩MANA TRADING 해외 제품 등 고급 패브릭과 벽지를 취급한다. 오리지널 상품도 멋있다.

산게츠 커튼과 벽지 등을 종합적으로 취급하는 인테리어 업계의 최대 업체.

가와시마 직물 셀콘 캐주얼에서 클래식까지 다양하게 취급하는 업체.

| 조명 |

루이스 폴센louis poulsen 북유럽을 대표하는 업체. 기능적이고 아름다운 빛이 나는 조명.

플로스FLOS 이탈리아에서 온 스타일리시하고 현대적인 조명.

톰 딕슨 영국에서 온 독창성 있는 디자인의 조명.

디 클라세DI CLASSE 적당한 가격으로 디자인이 훌륭한 조명이 모여 있다.

| 시계 |

다카타 렘노스 심플하고 세련된 디자인이 많다.

와타나베 리키 일본을 대표하는 프로덕트 디자이너. 심플해서 보기 편한 시계가 인기.

조지 넬슨 컬러풀한 선버스트 클락(Sunburst Clock)과 볼 클락(Ball Clock)이 유명.

따라만해도 성공 보장
20가지 인테리어 법칙

1판 1쇄 발행 2020년 3월 10일
1판 7쇄 발행 2024년 3월 15일

지은이 아라이 시마
옮긴이 박승희
펴낸이 정원정, 김자영
편집 홍현숙
디자인 이유진

펴낸곳 즐거운상상
주소 서울시 중구 충무로 13 엘크루메트로시티 1811호
전화 02-706-9452
팩스 02-706-9458
전자우편 happydreampub@naver.com
페이스북 @happydreampub
출판등록 2001년 5월 7일
인쇄 천일문화사

ISBN 979-11-5536-143-6 (13590)